できた シート
たくさん
はってね
くだものの 森
シールを　はって，森を　くだもので
いっぱいに　してね！

おかしなドリル

小学2年 時こくと時間

もくじ

		ページ
	できたシート	1
1	1年生の ふくしゅう	3・4
2	時こくと 時間	5・6
3	何分 ①	7・8
4	何分 ②	9・10
	チョコっとまめちしき	11・12
5	何分 ③	13・14
6	何分 ④	15・16
7	1時間	17・18
8	何時間 ①	19・20
9	時間	21・22
	チョコっとひとやすみ	23・24
10	何時間か 後の 時こく	25・26
11	何時間か 前の 時こく	27・28
12	何分か 後の 時こく	29・30
13	何分か 前の 時こく	31・32
14	時こく	33・34
	チョコっとひとやすみ	35・36
15	午前と 午後	37・38
16	何分 ⑤	39・40
17	何時間 ②	41・42
18	何時間 ③	43・44
	チョコっとまめちしき	45・46
19	何分か 前や 後の 時こく	47・48
20	何時間か 前や 後の 時こく ①	49・50
21	何時間か 前や 後の 時こく ②	51・52
22	2年生の まとめ	53・54
	答えと てびき	55～78
	チョコっとひとやすみ	79・80
	よていボード	

本誌に記載がある商品は2023年３月時点での商品であり，デザインが変更になったり，販売が終了したりしている場合があります。

1 1年生の ふくしゅう

1年生で学習した時刻読み取りの復習

名前

1 時計《とけい》を 読《よ》みましょう。

①～⑥1つ7，⑦8［50点《てん》］

①

（　　　　　）

長《なが》い はりが
12だから
「●時《じ》」と
答《こた》えるよ。

②

（　　　　　）

③

（　　　　　）

長い はりが
6だから
「●時半《はん》」と
答えるよ。
「●時30分《ぶん》」と
答えても いいよ。

④

（　　　　　）

⑤

（　　　　　）

⑥

（　　　　　）

⑦

（　　　　　）

1　1年生の ふくしゅう

2　時計《とけい》を 読《よ》みましょう。

①〜⑥1つ6，⑦⑧1つ7［50点《てん》］

①

（　　　　　）

②

（　　　　　）

③

（　　　　　）

④

（　　　　　）

⑤

（　　　　　）

⑥

（　　　　　）

⑦

（　　　　　）

⑧

（　　　　　）

答え 56ページ

月　　日　　点

2 時こくと 時間

時刻と時間の違いや使い分け

名前

1 下の 絵《え》を 見て，□に あう 数《かず》や ことばを 書《か》きましょう。

1つ10［60点《てん》］

家《いえ》に 帰《かえ》る

ポイフルを
食《た》べはじめる

① 家に 帰った 時《じ》こく は 4時です。

② ポイフルを 食べはじめた 時こくは

□時□分《ぷん》です。

③ 家に 帰ってから ポイフルを 食べはじめるまでに

長《なが》い はりは □めもり すすんで いるので，

かかった 時間《じかん》 は 　分 です。

時こくと 時こくの
間《あいだ》が 時間だよ。

長い はりが
1めもり すすむ
時間は 1分だよ。

2 時こくと 時間

2 つぎの 時間《じかん》は 何分《なんぷん》ですか。

1つ10［40点《てん》］

①

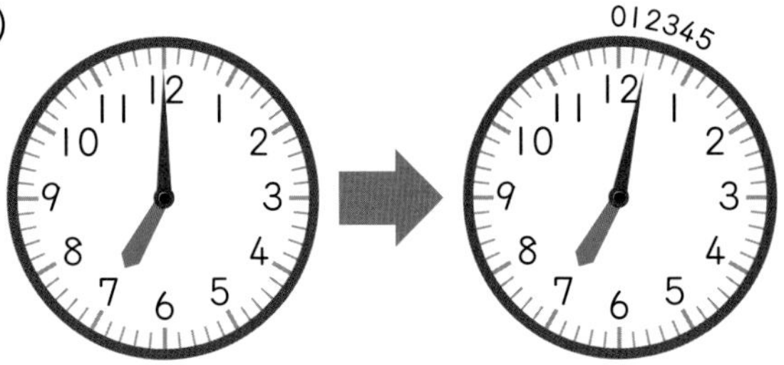

長《なが》い はりが 2めもり
すすんで いるから……。

（　　　　　）

②

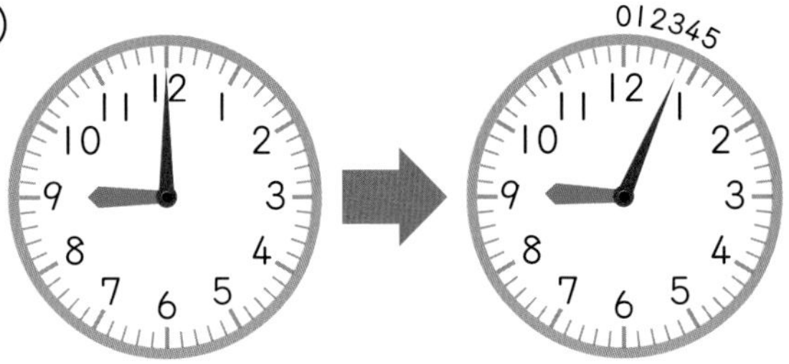

（　　　　　）

③

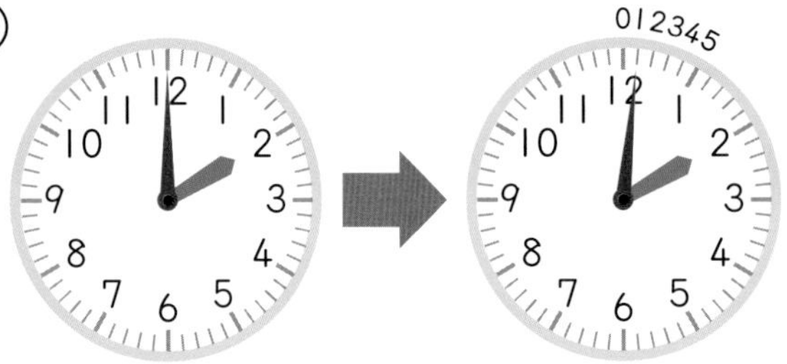

（　　　　　）

④

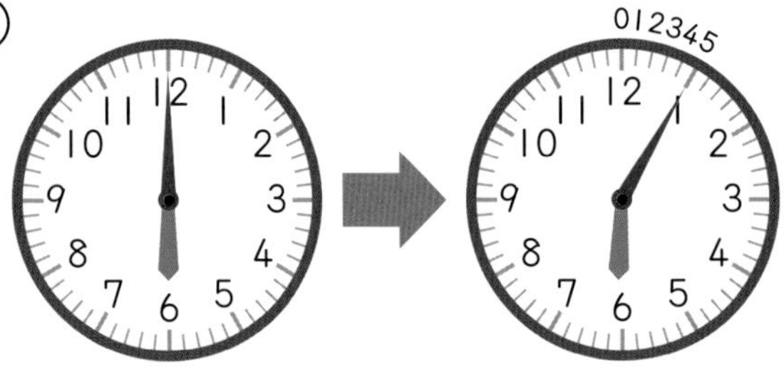

（　　　　　）

答え 57ページ

月　日　　点

3 何分 ⑪

●時ちょうどから●時（5の倍数）分までの時間

名前

1 家《いえ》に 帰《かえ》ってから，かじゅうグミを 食《た》べはじめるまでに かかった 時間《じかん》は 何分《なんぷん》ですか。 ［20点《てん》］

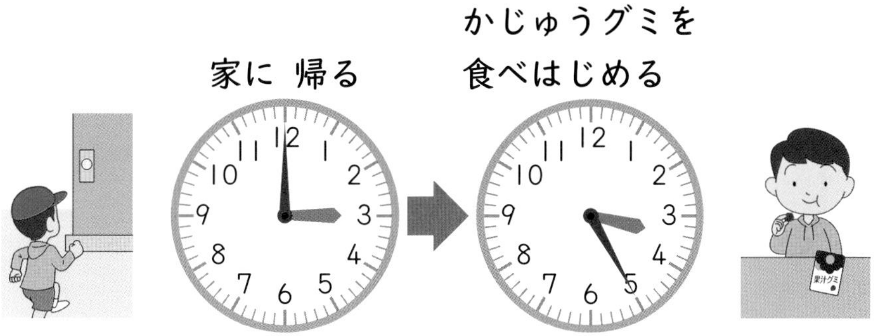

長《なが》い はりが
12から 5まで 25めもり
すすんで いるね。

25めもり すすむと
時間は……。

25 分《ふん》

2 つぎの 時間は 何分ですか。 1つ10 ［20点］

①

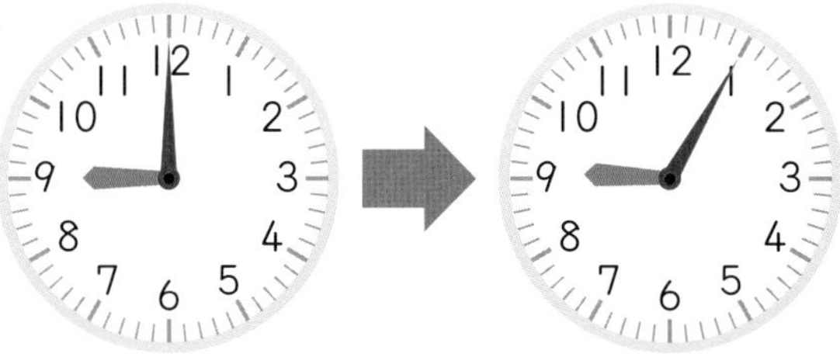

（　　分　）

②

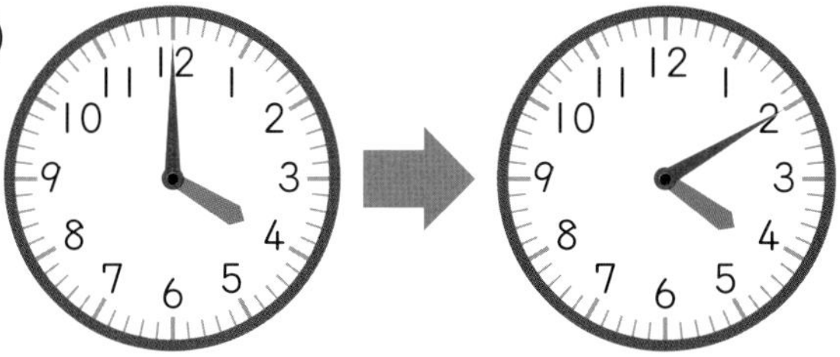

（　　　）

3 何分 ①

3 つぎの 時間《じかん》は 何分《なんぷん》ですか。　1つ15［60点《てん》］

①
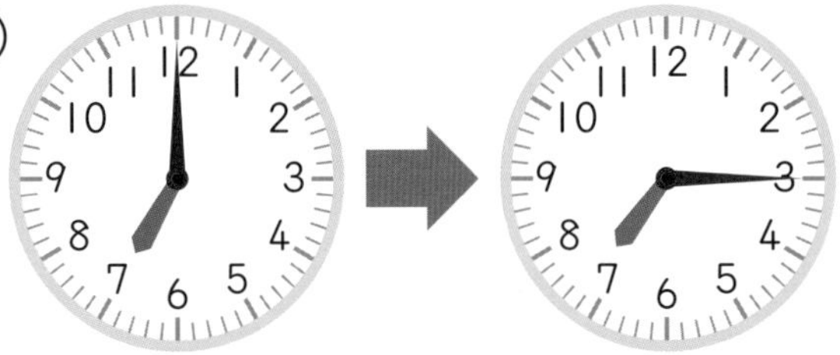

長《なが》い はりが
12から 3まで 15めもり
すすんで いるから……。

（　　　　　）

②
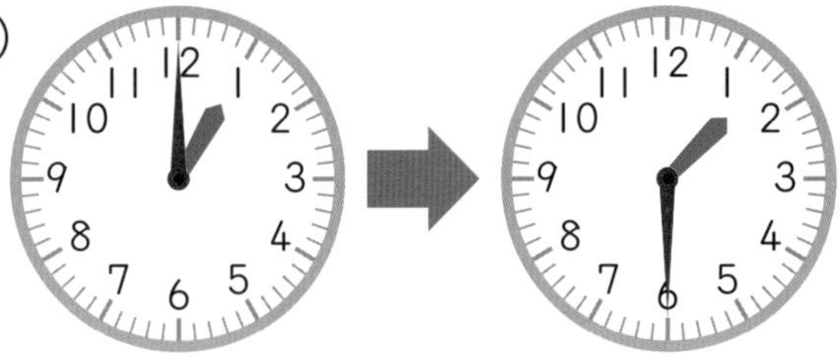

（　　　　　）

③
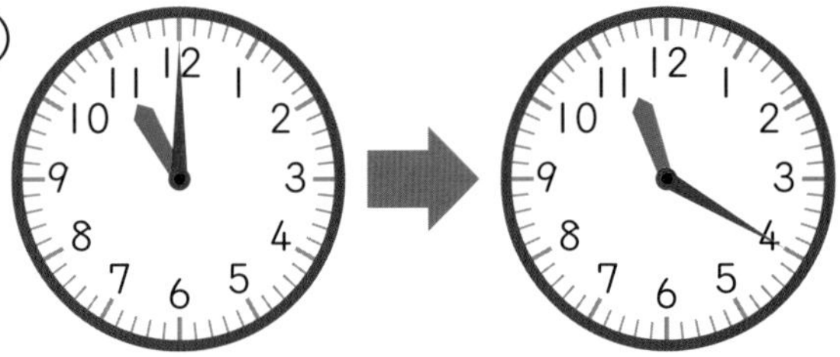

（　　　　　）

④
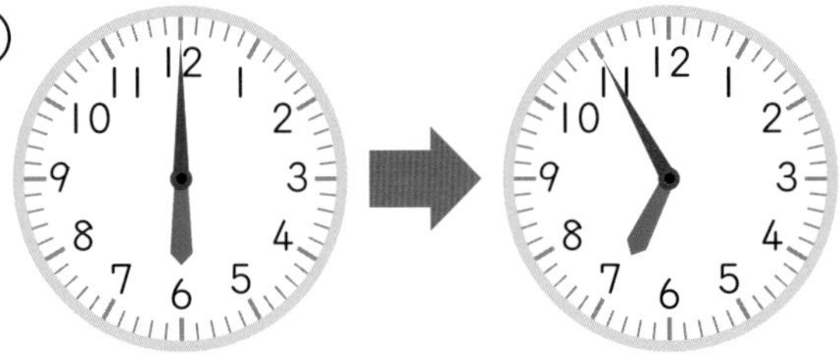

（　　　　　）

答え 58ページ

月　　日	点

4 何分 ②

●時ちょうどから●時▲分までの時間

名前

1 下の 絵《え》を 見て，□に あう 数《かず》や ことばを 書《か》きましょう。

1つ12［60点《てん》］

アポロを
食《た》べはじめる

アポロを
食べおわる

① アポロを 食べはじめた 時《じ》こくは □時です。

② アポロを 食べおわった 時こくは

□時 □分《ふん》です。

③ アポロを 食べはじめてから 食べおわるまでに，

長《なが》い はりは 12から 3までの 15めもりと，

3から 2めもり すすんで いるから，15めもりと 2めもりを

あわせて □めもり すすみました。

アポロを 食べはじめてから 食べおわるまでに かかった

時間《じかん》は，□です。

4 何分 ②

2 つぎの 時間《じかん》は 何分《なんぷん》ですか。 1つ10［40点《てん》］

①
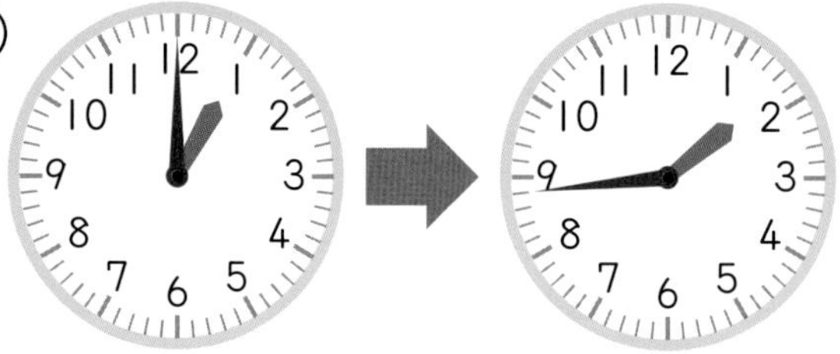
(　　　　　)

②
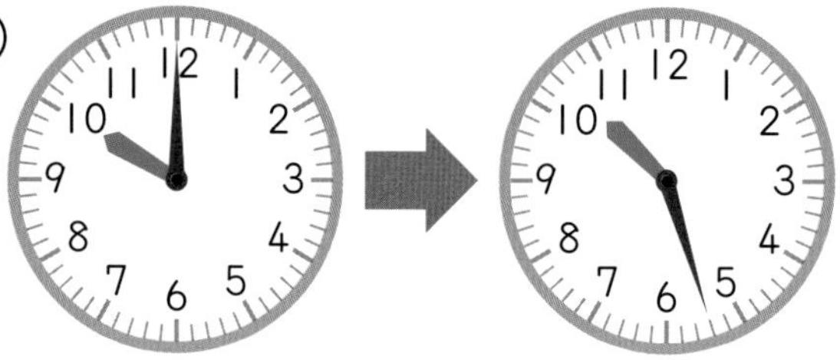
(　　　　　)

③
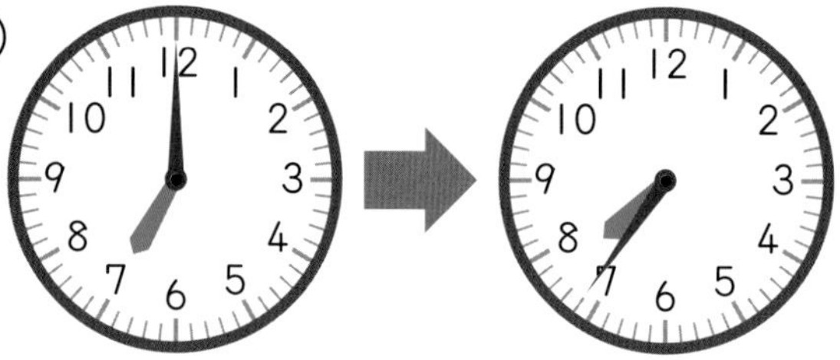
(　　　　　)

④
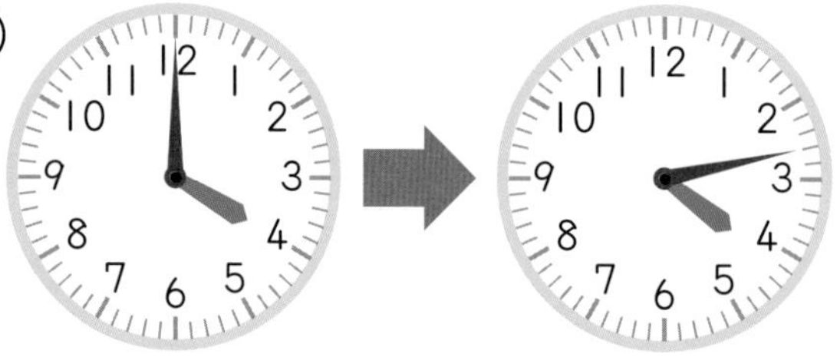
(　　　　　)

④は，12の ところから
13めもり すすんで いると
考《かんが》えても いいよ。

答え 59ページ

月　　日　　　点

チョコっと まめちしき

グミの れきし

○グミの れきし○

日本で はじめて たん生《じょう》した

グミは コーラアップです。

おかしの 会社《かいしゃ》 明治《めいじ》が，夏《なつ》にも

売《う》れる しょうひんが ほしいと 思《おも》い

かいはつしました。コーラアップに

つづいて，かじゅうグミや ポイフル，

もぎもぎフルーツなど たくさんの

グミが たん生しました。

○日本の グミ○

グミは ドイツで 生まれたと いわれて います。ところが，

外国《がいこく》の グミは かたすぎると かんじる 日本人が 少《すく》なく

ありませんでした。かじゅうグミは 日本人に ちょうどよい

かたさを めざし，だん力《りょく》※と かみやすさの りょう方《ほう》に

こだわって います。

※だん力…もとの 形《かたち》に もどろうと する 力の ことだよ。

かじゅうグミの
食《しょっ》かんには
くふうが あるんだね。

ペーパークラフトの 作《つく》り方《かた》

★79ページに のって いる
おり紙《がみ》はしぶくろの 作り方です。

はさみや カッターを
つかう 時《とき》は,
おうちの人と
いっしょに とり組《く》もう。

○はしぶくろの おり方○

①②
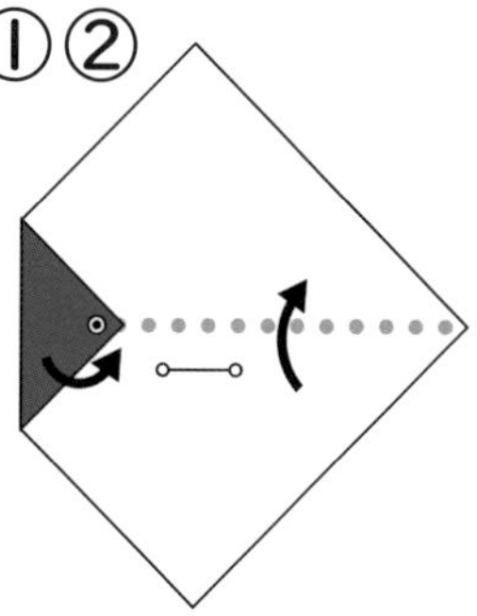

① 外《そと》がわの 線《せん》で 切《き》りはなし，キリコミセンを
カッターで 切って おきます。角《かど》に ある
⊙を 青い 点線《てんせん》で 手前《てまえ》に おります。

② まんなかで 半分《はんぶん》に おります。

③
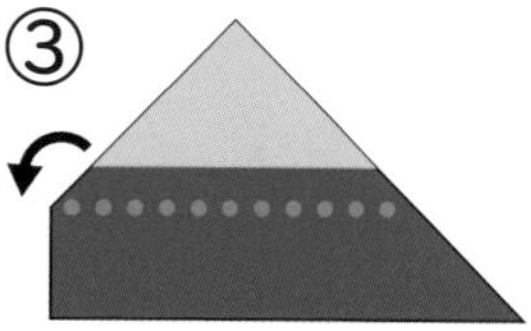

③ 青い 点線で うらがわに おりかえします。

④
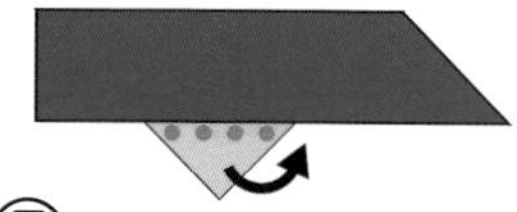

④ うらから 出てきた ベロを おりかえします。

⑤
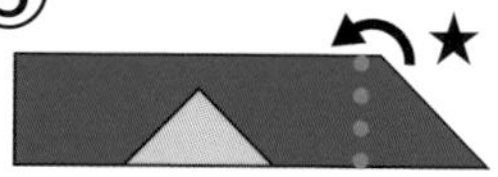

⑤ ★を うらがわへ おり，ベロを 切れ目に
さしこんで かんせい！

はしぶくろを
つかいおわったら
おろう！

○クジランごうの おり方○

① はしぶくろを ひらきます。下の 図《ず》の 赤い おり線で
はい色《いろ》の ところを 内《うち》がわに おり，うらがえします。

② まんなかを 2つおりにして，おひれを 立てたら かんせい！

①
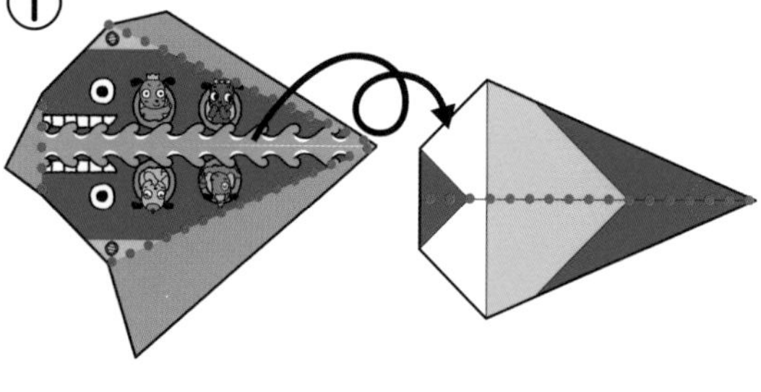

②

5 何分 ③

●時（5の倍数）分から●時（5の倍数）分までの時間

名前

1 下の 絵《え》を 見て，□に あう 数《かず》や ことばを 書《か》きましょう。

1つ10［60点《てん》］

家《いえ》を 出る　　マーブルを 買《か》う

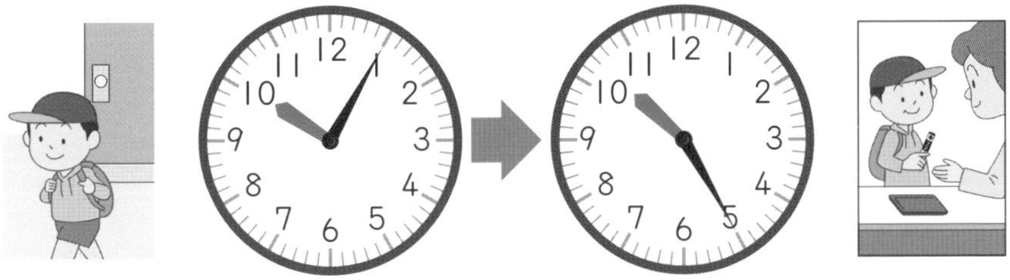

① 家を 出た 時《じ》こくは □ 時 □ 分《ふん》です。

② マーブルを 買った 時こくは

□ 時 □ 分です。

③ 家を 出てから マーブルを 買うまでに，長《なが》い はりは

1から 5まで □ めもり すすんだから，

家を 出てから マーブルを 買うまでに かかった 時間《じかん》は

□ です。

10時5分から
10時25分まで
長い はりが さして いる 数字《すうじ》は
4 すすんで いるね。

2 つぎの 時間《じかん》は 何分《なんぷん》ですか。　1つ10［40点《てん》］

①
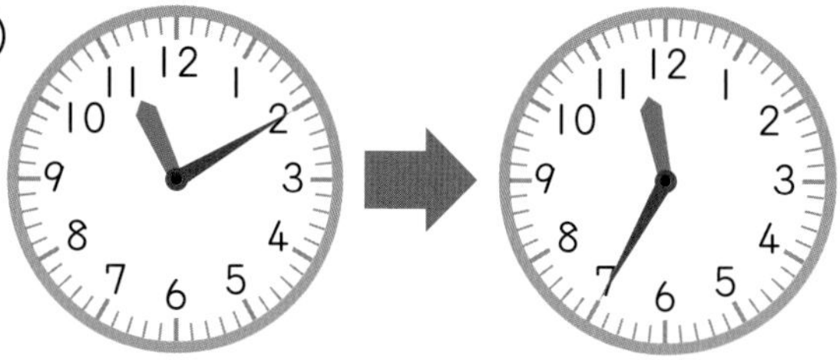
(　　　　　　)

②
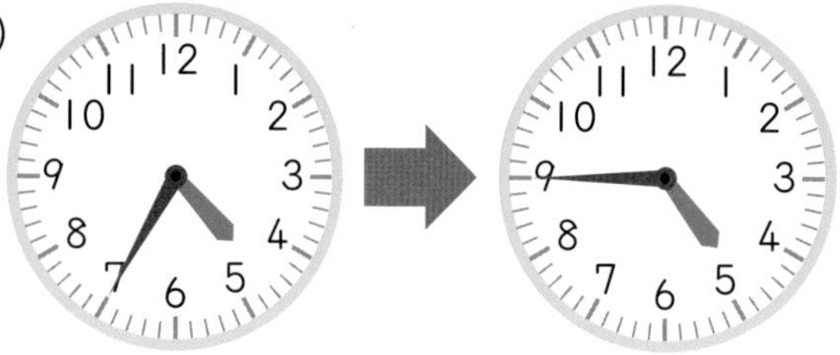
(　　　　　　)

③
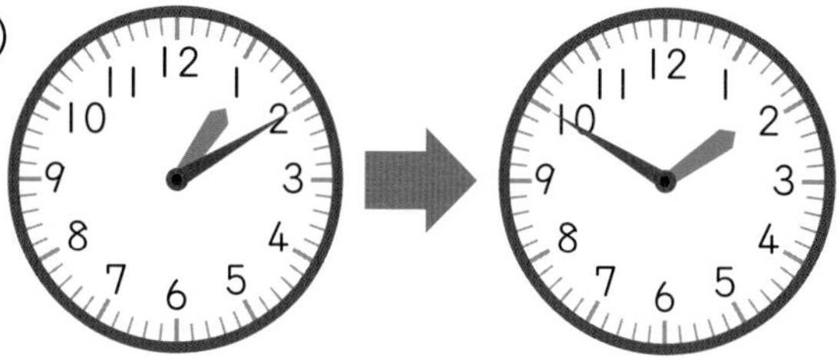
(　　　　　　)

④
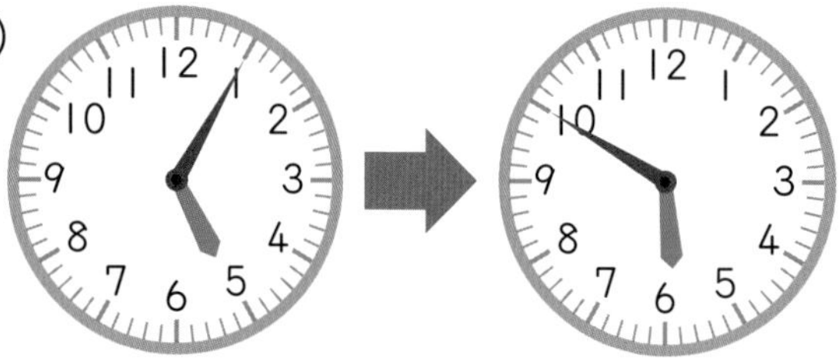
(　　　　　　)

答え 60ページ

月　　日　　点

6 何分 ④

●時（5の倍数）分から●時▲分までの時間

名前

1 下の 絵《え》を 見て，□に あう 数《かず》や ことばを 書《か》きましょう。

1つ10［60点《てん》］

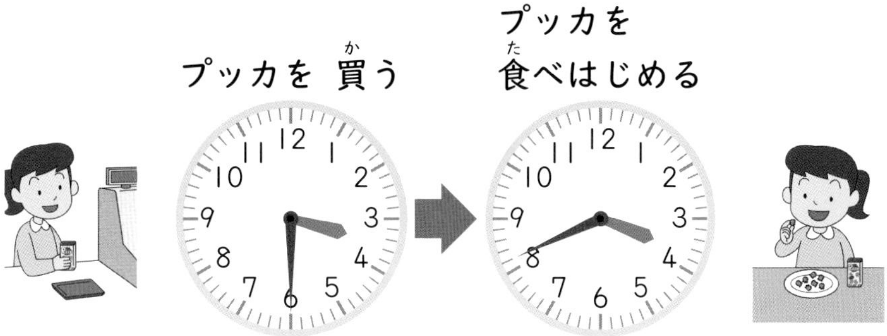

① プッカを 買った 時《じ》こくは □時□分《ぷん》です。

② プッカを 食べはじめた 時こくは

□時□分です。

③ プッカを 買ってから 食べはじめるまでに，

長《なが》い はりは 6から 8までの 10めもりと，

8から 1めもり すすんで いるから，10めもりと 1めもりを

あわせて □めもり すすみました。

プッカを 買ってから 食べはじめるまでに かかった

時間《じかん》は，□です。

6 何分 ④

2 つぎの 時間《じかん》は 何分《なんぷん》ですか。　1つ10［40点《てん》］

①

（　　　　）

②

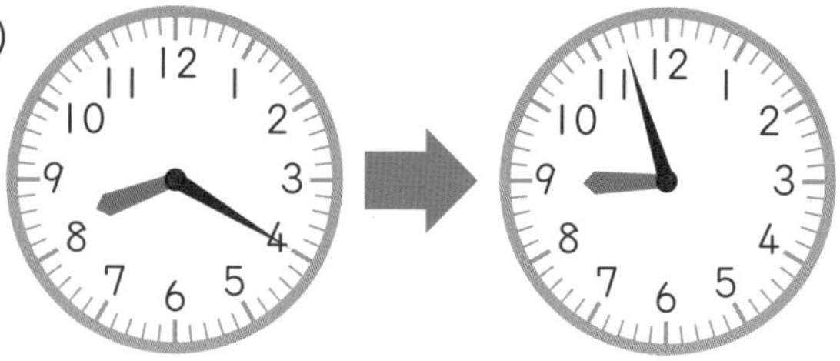

（　　　　）

③

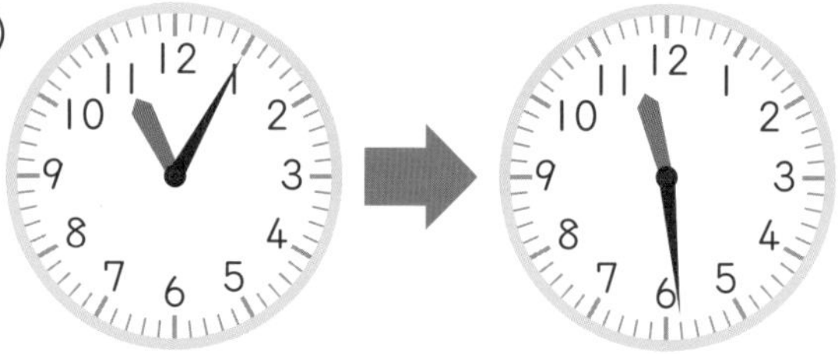

（　　　　）

④

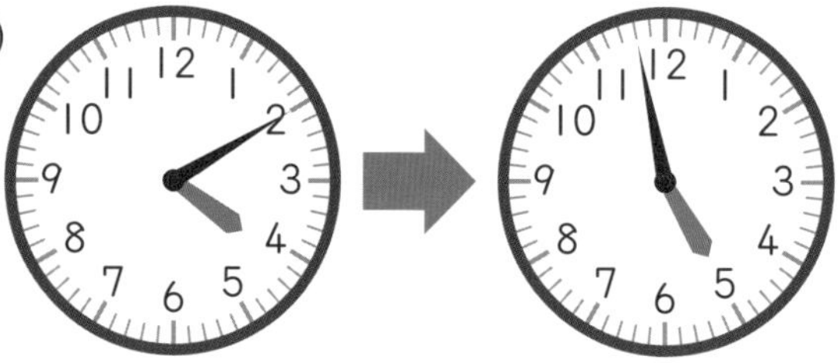

（　　　　）

答え 61ページ

月　　日　　点

7 1時間

1時間＝60分

名前

1 下の 図《ず》を 見て，□に あう 数《かず》や ことばを 書《か》きましょう。

1つ6［18点《てん》］

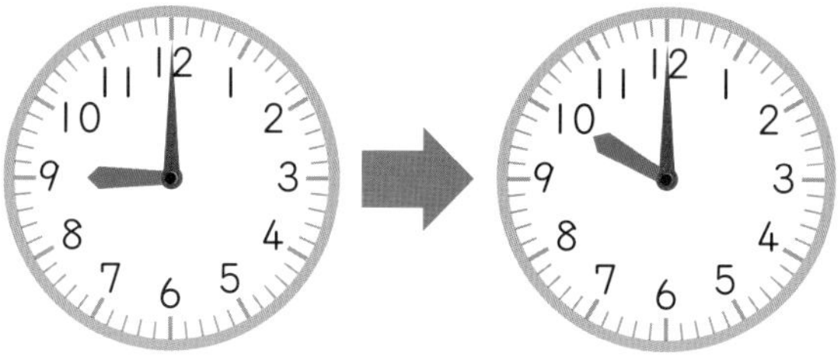

① 長《なが》い はりが 1めもり すすむ 時間《じかん》は □ 分《ぷん》です。

② 長い はりが ひと回《まわ》りする 時間は 1時間 です。

③ 1時間＝□ 分です。

2 1時間10分は 何分《なんぷん》か 考《かんが》えます。□に あう 数を 書きましょう。

1つ5［10点］

1時間は □ 分だから，1時間10分は，60分と 10分を あわせた 時間です。

だから，1時間10分＝□ 分です。

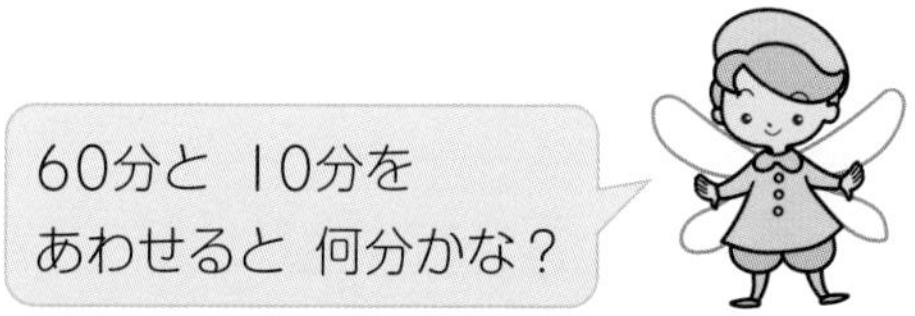

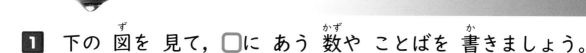

7 1時間

3 80分《ぷん》は 何時間《なんじかん》何分か 考《かんが》えます。□に あう 数《かず》を 書《か》きましょう。　1つ6［18点《てん》］

1時間は □ 分なので，80分を 60分と 20分に 分《わ》けて 考えます。

だから，80分＝□時間 □分です。

4 □に あう 数を 書きましょう。　1つ6［54点］

① 1時間30分＝□分

② 100分＝□時間 □分

③ 2時間＝□分

④ 110分＝□時間 □分

⑤ 1時間5分《ふん》＝□分

⑥ 75分＝□時間 □分

答え 62ページ

月　日　点

8 何時間 ①

●時から▲時までの時間

名前

1 下の 図《ず》を 見て，□に あう 数《かず》や ことばを 書《か》きましょう。

1つ15［60点《てん》］

家《いえ》に 帰《かえ》る　　きのこの山を 食《た》べはじめる

① 家に 帰った 時《じ》こくは □ 時です。

② きのこの山を 食べはじめた 時こくは

□ 時です。

③ 2時から 3時までの 間《あいだ》に，みじかい はりは

2から 3まで 数字《すうじ》 1つ分《ぶん》 すすんで います。

長《なが》い はりは □ 回《かい》 回《まわ》って いるから，

家に 帰ってから きのこの山を 食べはじめるまでの

時間《じかん》は □ です。

1時間に，
長い はりや みじかい はりは
どんなふうに うごくか
わかったかな。

8 何時間 ①

2 つぎの 時間《じかん》は 何時間《なんじかん》ですか。　　1つ10［40点《てん》］

①

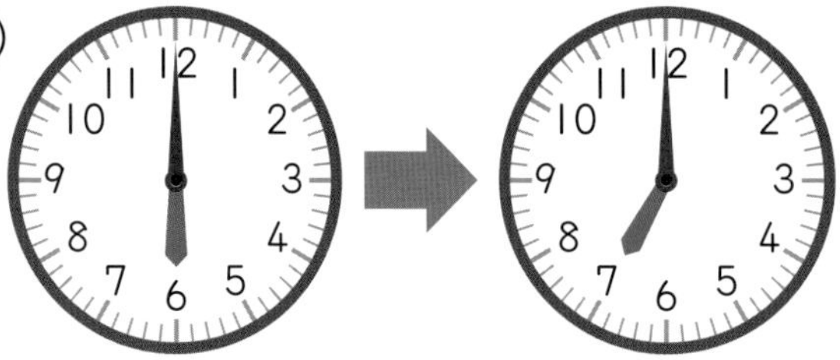

（　　　　　　　　）

②

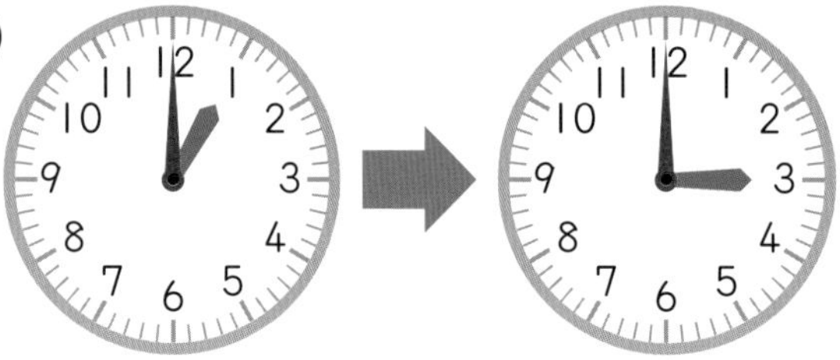

（　　　　　　　　）

③

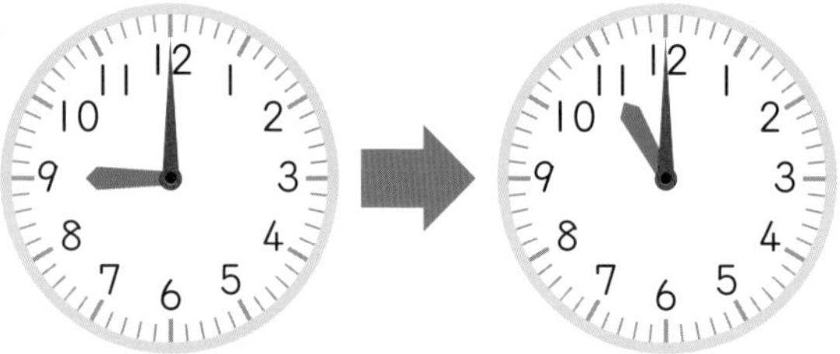

（　　　　　　　　）

④

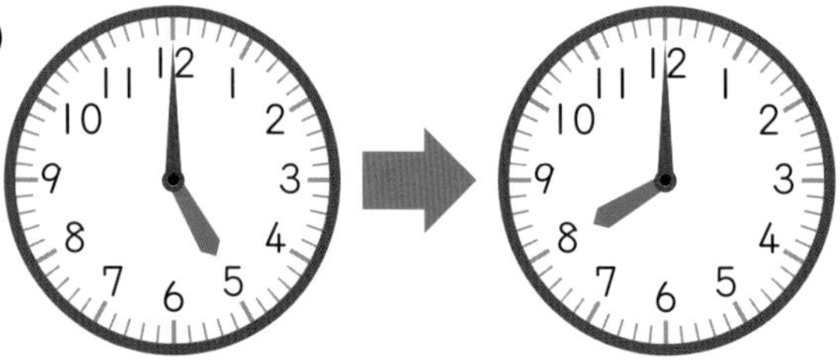

（　　　　　　　　）

答え 63ページ

月　　日　　　点

9 時間

何分・何時間（2～8のまとめ）

名前

1 正しい ほうに，○を つけましょう。 1つ9［18点《てん》］

① たけのこの里《さと》を 食《た》べはじめた

（ 時《じ》こく ・ 時間《じかん》 ）は，3時です。

② たけのこの里を 食べはじめてから 食べおわるまでに

かかった（ 時こく ・ 時間 ）は，

15分《ふん》です。

2 つぎの 時間は 何分《なんぷん》ですか。 1つ8［24点］

①

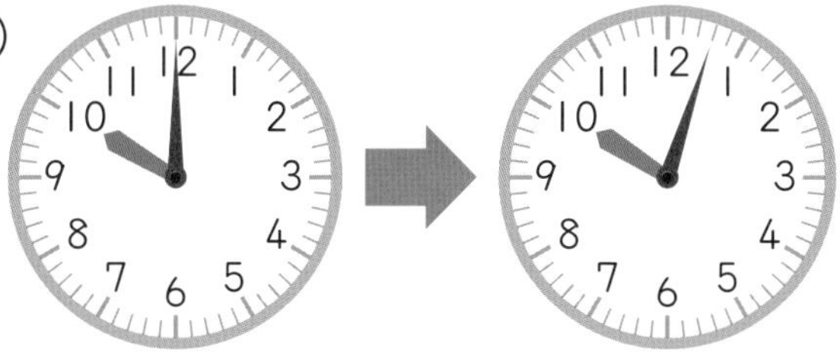

（　　　　）

②

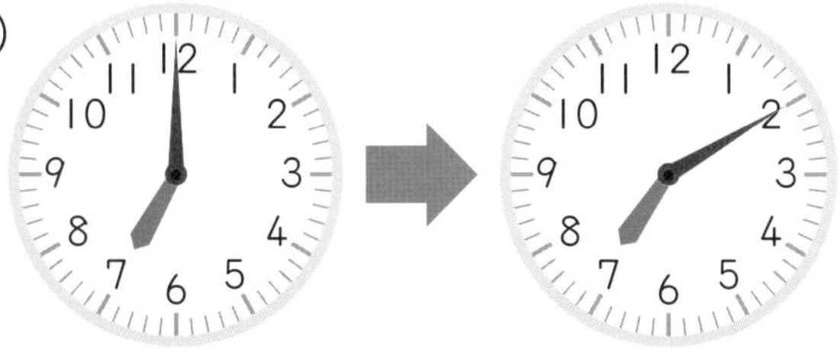

（　　　　）

③

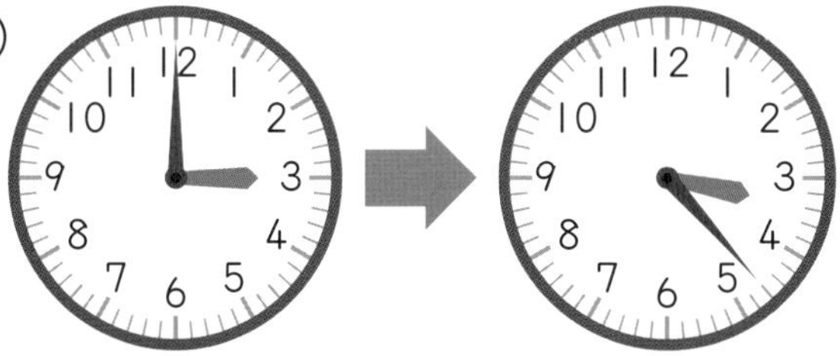

（　　　　）

9 時間

3 つぎの 時間《じかん》は 何分《なんぷん》ですか。 1つ10［20点《てん》］

①

（　　　　　）

②

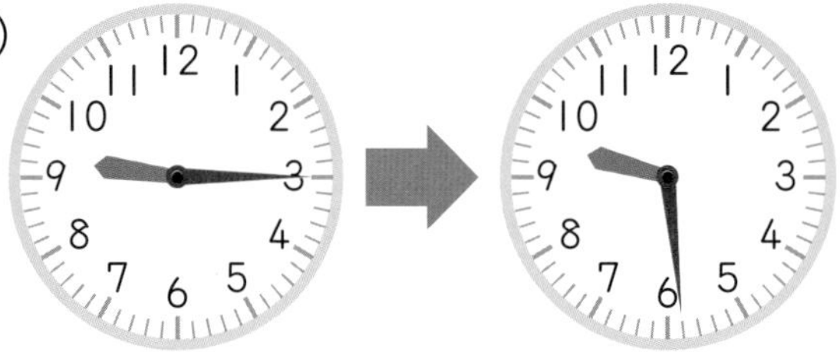

（　　　　　）

4 つぎの 時間は 何時間ですか。 ［8点］

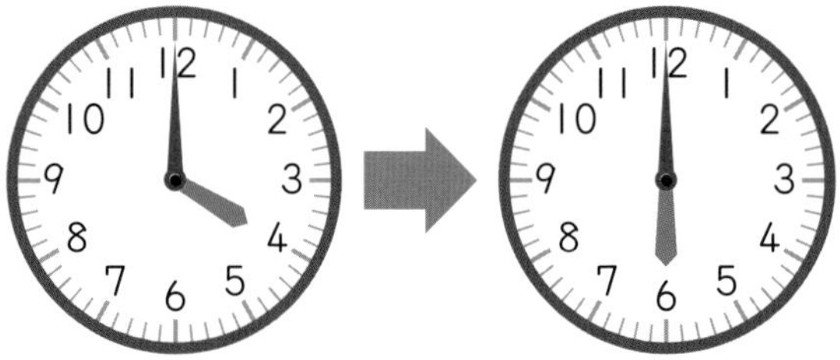

（　　　　　）

5 □に あう 数《かず》を 書《か》きましょう。 1つ10［30点］

① 1時間40分＝□分

② 70分＝□時間□分

答え 64ページ

月　日　点

チョコっと ひとやすみ

★きらきら ジャムみたい★
かじゅうグミが 入った
ステンドグラストースト

○ざいりょう○（1人分《ひとりぶん》）

果汁《かじゅう》グミ … 適量《てきりょう》

食《しょく》パン（8枚《まい》切《ぎ》り）… 2枚《まい》

※型《かた》の大きさによって，グミの数《かず》は調整《ちょうせい》してください。（画像《がぞう》は型抜《かたぬ》き5か所《しょ》で8粒《つぶ》使用《しよう》）

ポイント

かたで ぬいた ところ 1かしょに
1～2この グミを 入れると
ちょうどいいよ。
入れすぎに ちゅういしてね！

○どうぐ○

オーブントースター，お好《この》みの抜《ぬ》き型《がた》

ポイント

パンの やき色《いろ》は
アルミホイルを かぶせて
ちょうせつしてね。
かたで ぬいた パンも
トースターで やこう。

○作《つく》り方《かた》○

① 食《しょく》パン1枚《まい》をお好《この》みの型《かた》で抜《ぬ》きます。

② 残《のこ》りの1枚《まい》を下に重《かさ》ね合《あ》わせて，型抜《かたぬ》きした部分《ぶぶん》の中に果汁《かじゅう》グミを置《お》き，グミがとけるまでオーブントースター（1200W《ワット》／260℃《ど》）で約《やく》2分《ふん》焼《や》いて，できあがり。

チョコっと ひとやすみ

★あまずっぱ〜い★
かじゅうグミを はさんだ
フレンチトースト

○ざいりょう○

果汁《かじゅう》グミ（ぶどう）… 8粒程度《つぶていど》
食《しょく》パン（4枚《まい》切《ぎ》りまたは5枚《まい》切《ぎ》り）… 1枚《まい》
バター … 10g《グラム》

〈A《エー》（卵液《らんえき》）〉
牛乳《ぎゅうにゅう》 … 100mL《ミリリットル》
卵《たまご》 … 1個《こ》
砂糖《さとう》 … 小さじ2

○どうぐ○

包丁《ほうちょう》，泡《あわ》だて器《き》，ボウル，フライパン（ふた付《つ》き）

○作《つく》り方《かた》○

① 食《しょく》パンを半分《はんぶん》に切《き》り，パンの真《ま》ん中に包丁《ほうちょう》で切《き》れ込《こ》みを入れて，果汁《かじゅう》グミを詰《つ》めます。

② A《エー》の材料《ざいりょう》をボウルに入れ，泡《あわ》だて器《き》でよく混《ま》ぜてから，①を浸《ひた》します。

③ フライパンを熱《ねっ》してバターを入れてとかし，②を入れてから，ふたをして弱火《よわび》で約《やく》3分《ぷん》焼《や》きます。

④ ふたを外《はず》して裏返《うらがえ》し，焼《や》き目がつくまで約《やく》3分《ぷん》焼《や》いたら，できあがり。

ポイント

グミを まん中に
つめるから，あつ切《ぎ》りの
食《しょく》パンを よういしてね！

ポイント

②では ①を A《エー》の らんえきに 長《なが》めに
ひたして，食パンに らんえきが
しっかり しみこむように しよう。

10 何時間か 後の 時こく

ある時刻から●時間後の時刻

名前

1 下の 図《ず》を 見て，□に あう 数《かず》や ことばを 書《か》きましょう。

1つ10［20点《てん》］

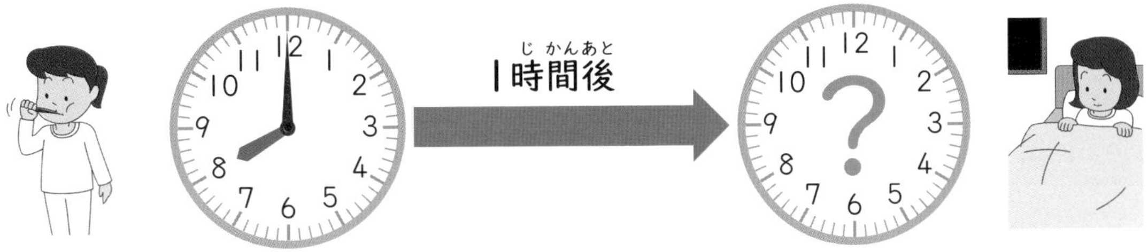

1時間で 長《なが》い はりは 右回《まわ》りに ひと回りします。

ひと回りすると，みじかい はりは 8から □ に

すすむから，8時の 1時間後の 時こくは □時 です。

2 つぎの 時こくは 何時《なんじ》ですか。

1つ15［30点］

①

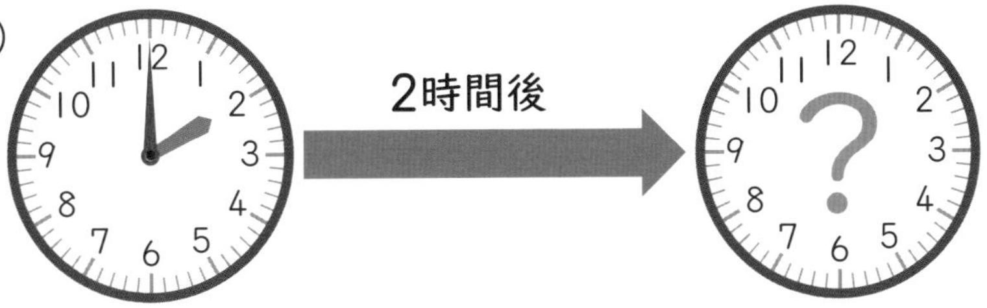

（　　　　）

②

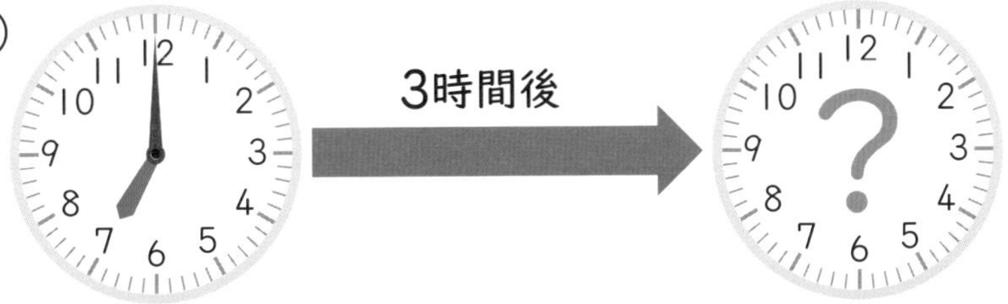

（　　　　）

10 何時間か 後の 時こく

3 7時《じ》5分《ふん》の 1時間後《じかんあと》の 時こくを 考《かんが》えます。□に あう 数《かず》を 書《か》きましょう。

1つ10［30点《てん》］

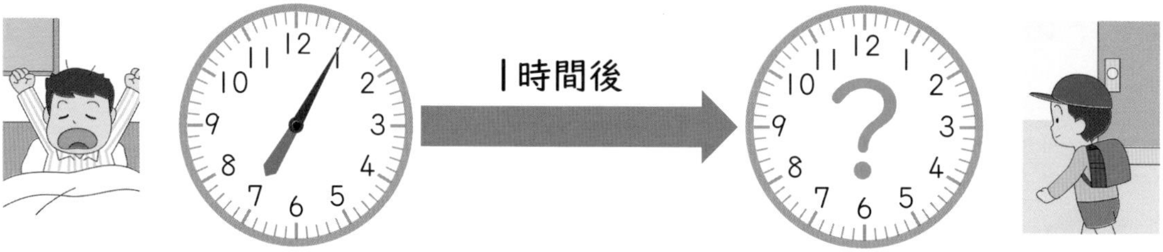

1時間で 長《なが》い はりは 右回《まわ》りに ひと回りするから，
7時5分から 1時間 たつと，長い はりは 数字《すうじ》の 1の
ところから ひと回りして 数字の □ の ところに
もどって きます。

だから，7時5分の 1時間後の 時こくは

8 時 □ 分です。

4 つぎの 時こくは 何《なん》時《じ》何分《なんぷん》ですか。

［20点］

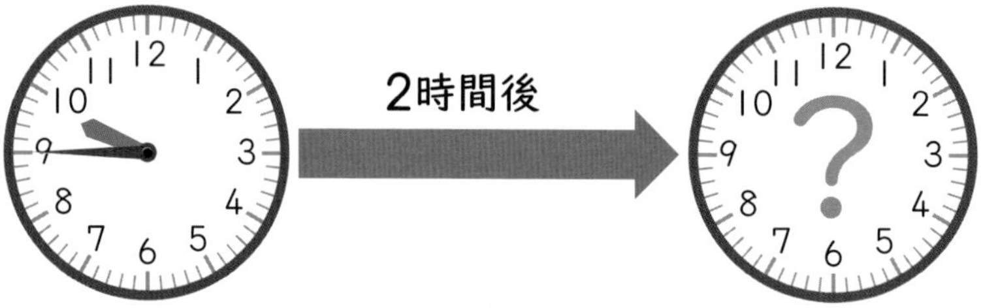

（　　　　　）

答え 65ページ

月　日　点

11 何時間か 前の 時こく

ある時刻から●時間前の時刻

名前

1 下の 図《ず》を 見て，□に あう 数《かず》や ことばを 書《か》きましょう。

1つ10［20点《てん》］

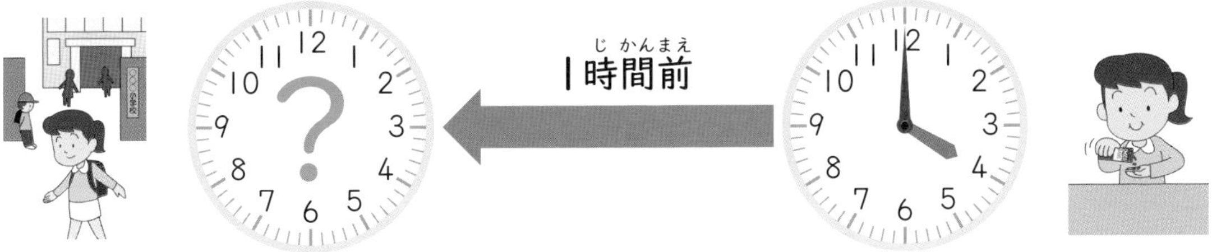

1時間で 長《なが》い はりは 右回《まわ》りに ひと回りします。
4時の 1時間前の 時こくを 考《かんが》えるので，長い はりを
左回りに ひと回りするように 考えます。

みじかい はりが 4から □ に もどるから，

4時の 1時間前の 時こくは □時 です。

2 つぎの 時こくは 何時《なんじ》ですか。

1つ15［30点］

①

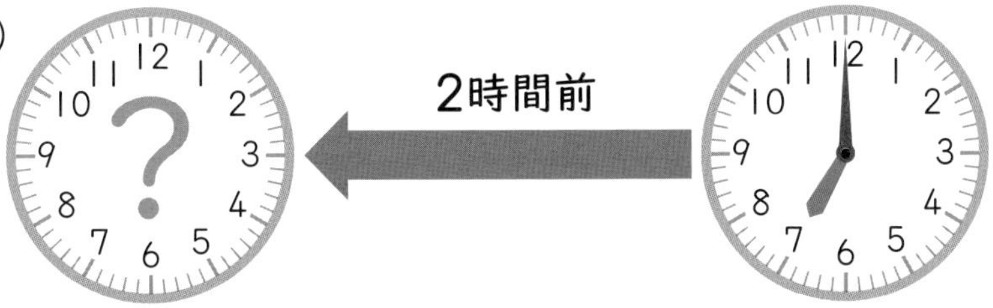

(　　　　　　)

②

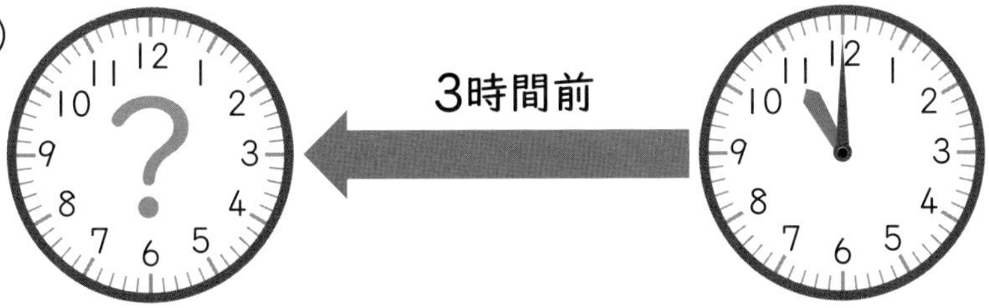

(　　　　　　)

11 何時間か 前の 時こく

3 6時《じ》15分《ふん》の 1時間前《じかんまえ》の 時こくを 考《かんが》えます。□に あう 数《かず》を 書《か》きましょう。 1つ10［30点《てん》］

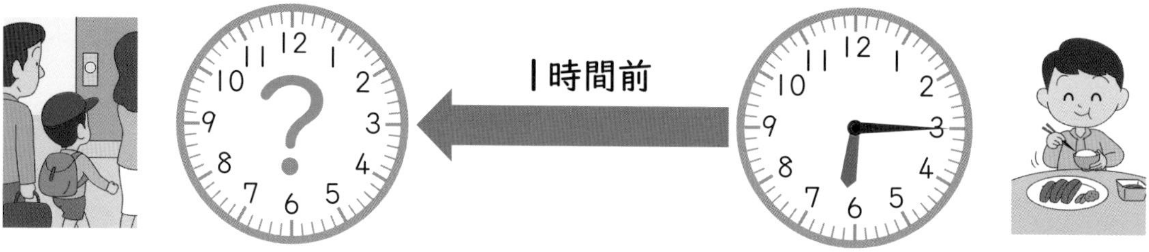

1時間で 長《なが》い はりは 右回《まわ》りに ひと回りします。

6時15分から 1時間 もどると，長い はりは 数字《すうじ》の 3の ところから 左回りに ひと回りして 数字の □ の ところに もどって きます。

だから，6時15分の 1時間前の 時こくは

5 時 □ 分です。

4 つぎの 時こくは 何時何分《なんじなんぷん》ですか。 ［20点］

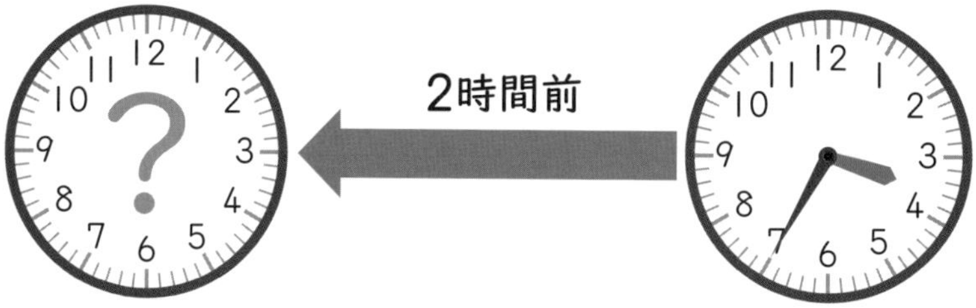

（　　　　　　　　　）

答え 66ページ

月　日　　点

12 何分か 後の 時こく

ある時刻から●分後の時刻

名前

1 下の 図《ず》を 見て，□に あう 数《かず》や ことばを 書《か》きましょう。

1つ10［20点《てん》］

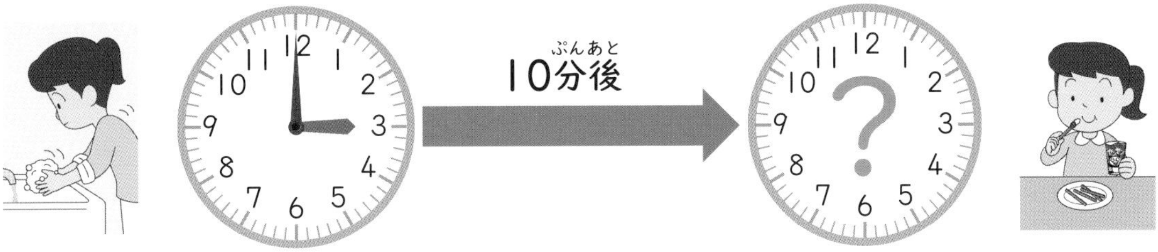

1分で 長《なが》い はりは 右回《まわ》りに 1めもり すすみます。

3時《じ》から 10分 たつと，長い はりは □ めもり

すすむから，3時の 10分後の 時こくは

［　時　　分］です。

2 つぎの 時こくは 何《なん》時《じ》何分ですか。

1つ10［20点］

①

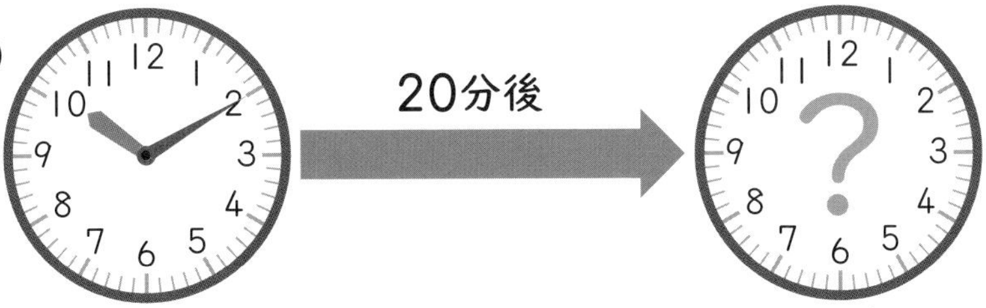

（　　　　　）

②

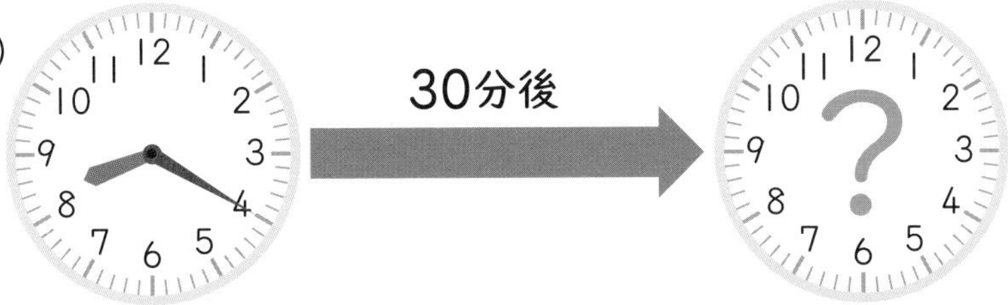

（　　　　　）

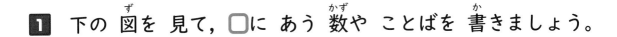

12 何分か 後の 時こく

3 つぎの 時《じ》こくを 答《こた》えましょう。　1つ10［60点《てん》］

①
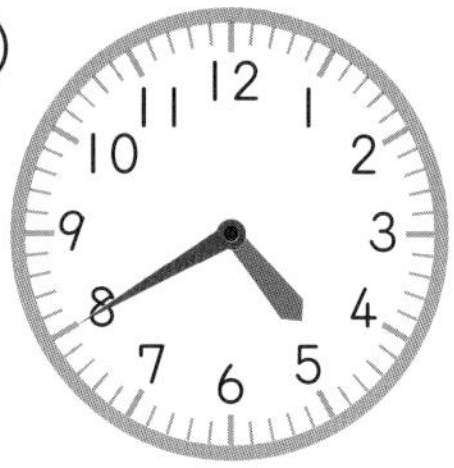
の 10分《ぷん》後《あと》

(　　　　　　　　)

②

の 20分後

(　　　　　　　　)

③

の 30分後

(　　　　　　　　)

④

の 25分《ふん》後

(　　　　　　　　)

⑤

の 10分後

(　　　　　　　　)

⑥

の 15分後

(　　　　　　　　)

答え 67ページ

月　　日　　点

13 何分か 前の 時こく

ある時刻から●分前の時刻

名前

1 下の 図《ず》を 見て，□に あう 数《かず》や ことばを 書《か》きましょう。

1つ10［20点《てん》］

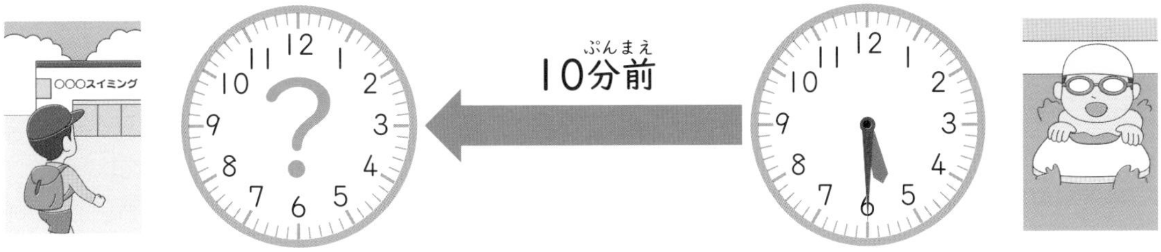

10分で 長《なが》い はりは 右回《まわ》りに 10めもり すすむから，
5時《じ》30分から 10分 もどると，長い はりは 左回りに
□ めもり すすみます。
だから，5時30分の 10分前の 時こくは
（　　時　　分）です。

2 つぎの 時こくは 何時《なんじ》何分ですか。

1つ10［20点］

① 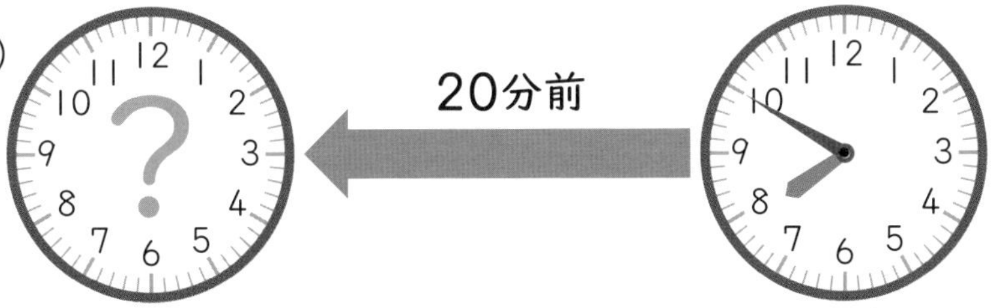

（　　　　　　　　）

② 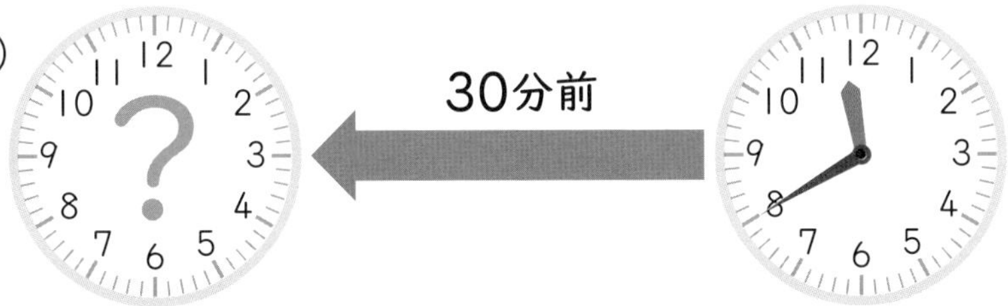

（　　　　　　　　）

13 何分か 前の 時こく

3 つぎの 時《じ》こくを 答《こた》えましょう。　1つ10［60点《てん》］

①

の 10分前《ぷんまえ》

（　　　　　　　）

②

の 20分前

（　　　　　　　）

③

の 30分前

（　　　　　　　）

④

の 15分《ふん》前

（　　　　　　　）

⑤

の 20分前

（　　　　　　　）

⑥

の 5分前

（　　　　　　　）

答え 68ページ

月　　日

点

14 時こく

時刻（10〜13のまとめ）

名前

1 今《いま》の 時《じ》こくは 10時30分《ぷん》です。つぎの 時こくを 答《こた》えましょう。 1つ5［20点《てん》］

① 1時《じ》間《かん》後《あと》　（　　　　　）

② 3時間前《まえ》　（　　　　　）

③ 15分《ふん》後　（　　　　　）

④ 20分前　（　　　　　）

2 今の 時こくは 8時20分です。つぎの 時こくを 答えましょう。 1つ5［20点］

① 2時間後　（　　　　　）

② 1時間前　（　　　　　）

③ 20分後　（　　　　　）

④ 10分前　（　　　　　）

3 つぎの 時《じ》こくを 答《こた》えましょう。　1つ10［60点《てん》］

①

の 1時間後《じかんあと》

（　　　　　　）

②

の 2時間前《まえ》

（　　　　　　）

③

の 10分《ぷん》後

（　　　　　　）

④

の 25分《ふん》後

（　　　　　　）

⑤

の 30分前

（　　　　　　）

⑥

の 15分前

（　　　　　　）

答え 69ページ

月　　日　　点

チョコっと ひとやすみ

時こくと
時間の クイズ

絵《え》を 見て もんだいに 答《こた》えましょう。

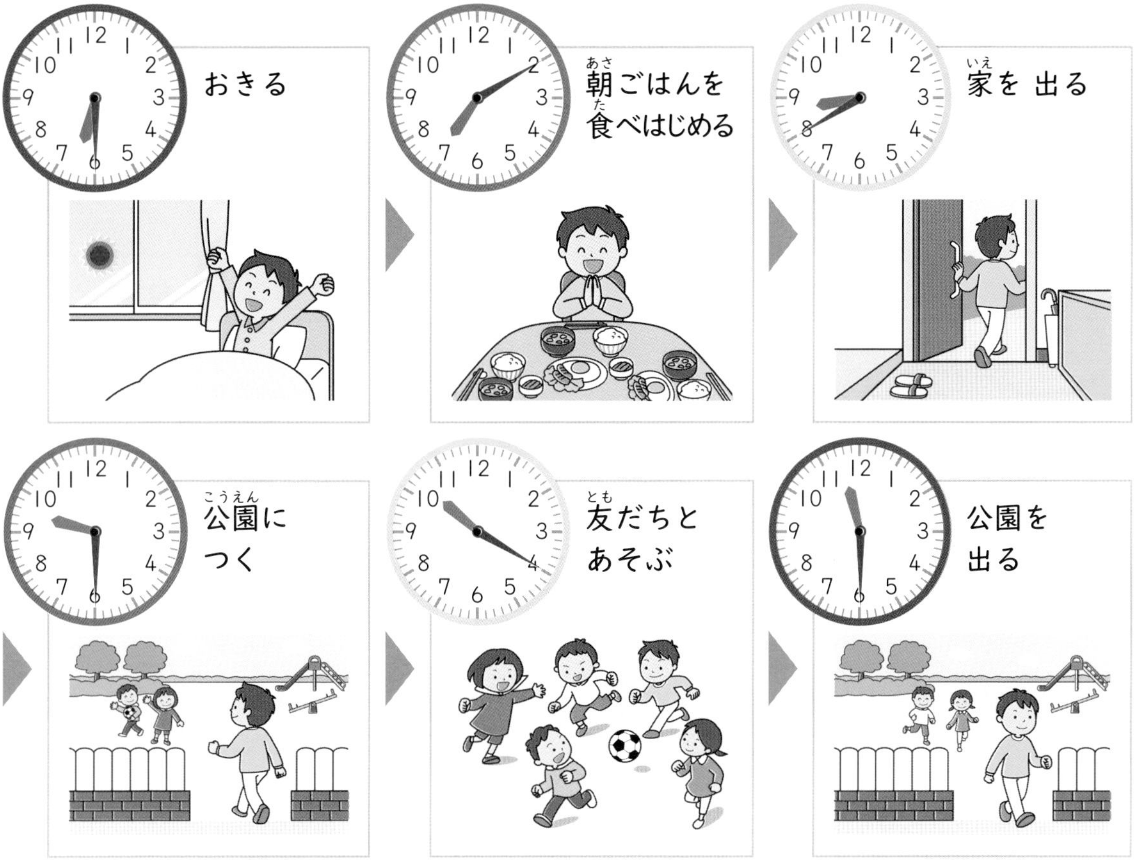

おきる
朝《あさ》ごはんを
食《た》べはじめる
家《いえ》を 出る
公園《こうえん》に
つく
友《とも》だちと
あそぶ
公園を
出る

① 公園に いた 時間《じかん》は 何時間《なんじかん》ですか。

（　　　　　　）

② 朝ごはんを 食べはじめてから 20分後《ぷんあと》の 時こくを 答えましょう。

（　　　　　　）

③ おきてから 4時間後には，家と 公園の どちらに いましたか。

（　　　　）

絵《え》を 見て もんだいに 答《こた》えましょう。

バスを
おりる

家《いえ》に つく

ばんごはんを
食《た》べはじめる

はみがきを
する

本を 読《よ》む

ねる

① バスを おりてから 家に つくまでの 時間《じかん》は 何分《なんぷん》ですか。

（　　　　）

② ねる 15分前《ふんまえ》の 時こくを 答えましょう。

（　　　　）

③ ばんごはんを 食べはじめてから 2時間後《あと》には,
おきて いましたか ねて いましたか。合《あ》っている 方《ほう》に
○を つけましょう。 （おきて いた ・ ねて いた）

自分《じぶん》でも もんだいを
作《つく》ってみよう。

15 午前と 午後

午前・正午・午後と，1日の時間

名前

1 下の 図《ず》を 見て，□に あう 数《かず》や ことばを 書《か》きましょう。

①②1つ5，③〜⑥1つ10［60点《てん》］

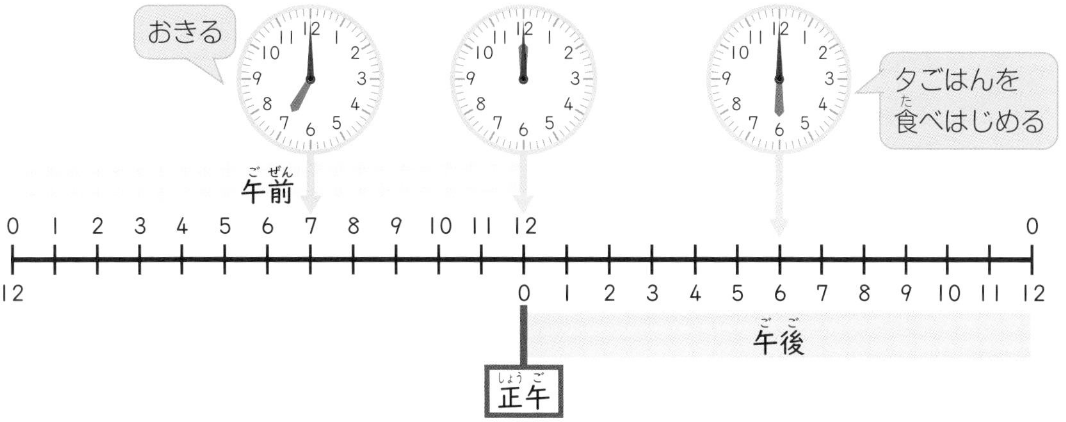

① おきる 時《じ》こくは 午前 です。

② 夕ごはんを 食べはじめる 時こくは

午後 です。

③ 午前12時や 午後0時の ことを 正午 と

いいます。

④ 午前は □ 時間《じかん》，午後は □ 時間です。

⑤ 1日は □ 時間です。

⑥ 時計《とけい》の みじかい はりは 1日に □ 回《かい》 回《まわ》ります。

15 午前と 午後

2 つぎの 時《じ》こくを 午前《ごぜん》，午後《ごご》を つかって 答《こた》えましょう。

1つ10［40点《てん》］

① 学校へ 行《い》く

（ 午前 ）

② じゅぎょうを うける

（　　　　　）

③ 家《いえ》に 帰《かえ》る

（　　　　　）

④ ねる

（　　　　　）

午前・午後・正午《しょうご》と
いう ことばが
わかったかな？

毎日《まいにち》の 生活《せいかつ》で
時こくを 言《い》う ときに
午前や 午後を つけて
言ってみよう！

答え 71ページ

月　日

点

16 何分 ⑤

午前・午後のついた「何分」

名前

1 つぎの 時間《じかん》は 何分《なんぷん》ですか。　　1つ12［48点《てん》］

①
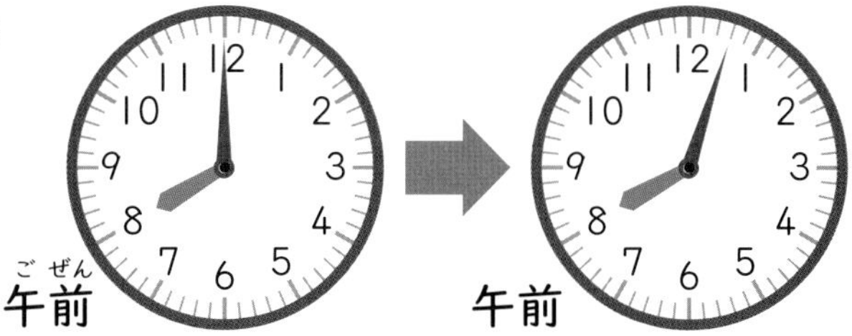

（　　　　　　）

②
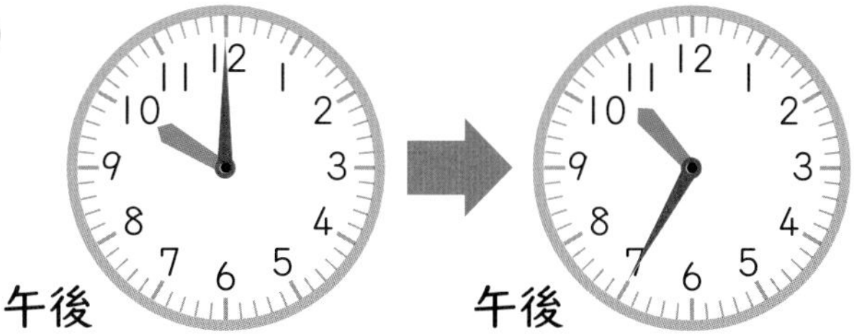

（　　　　　　）

③
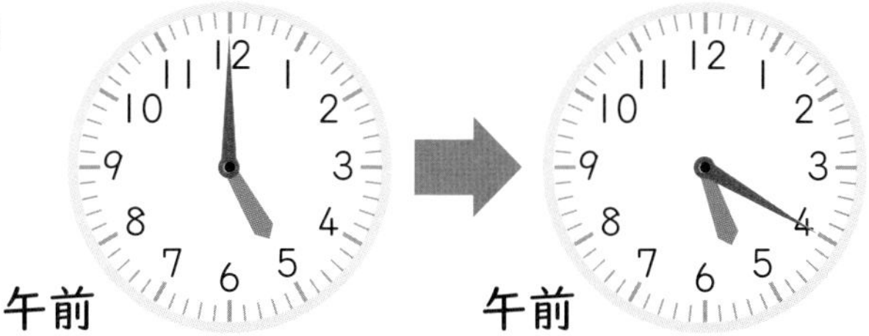

（　　　　　　）

④
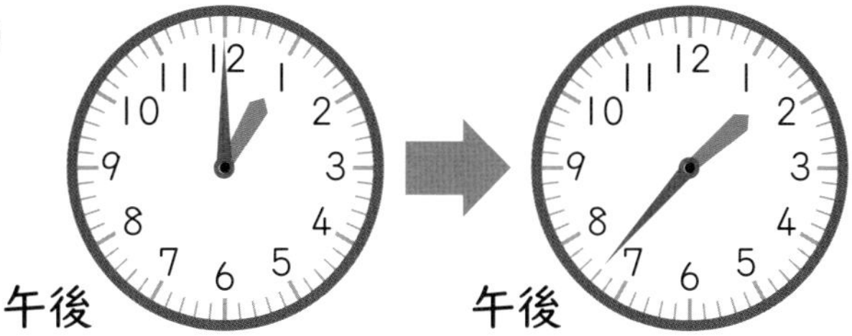

（　　　　　　）

16 何分 ⑤

2 つぎの 時間《じかん》は 何分《なんぷん》ですか。　1つ13［52点《てん》］

①

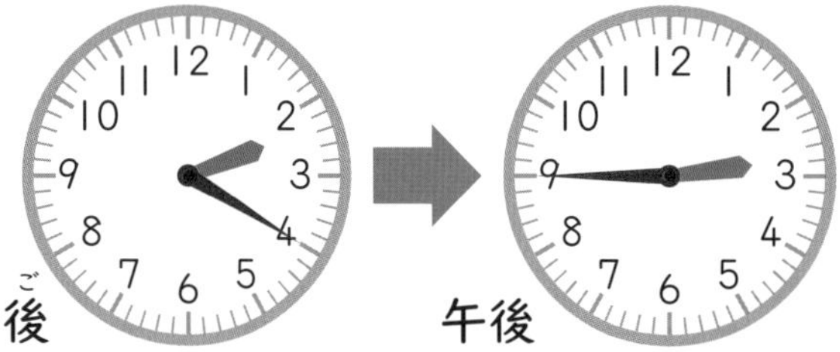

午後《ごご》　午後

（　　　　　　）

②

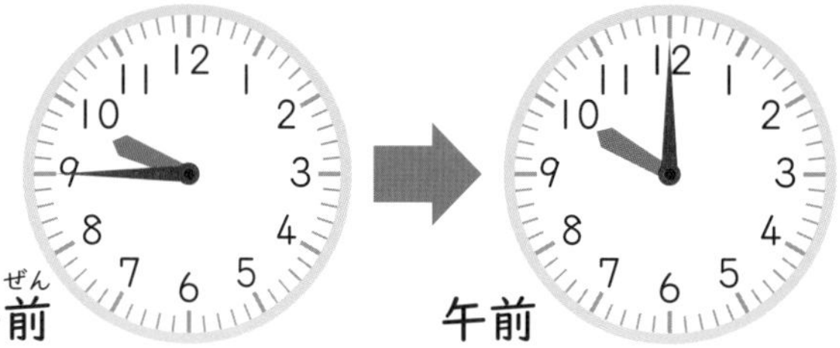

午前《ごぜん》　午前

（　　　　　　）

③

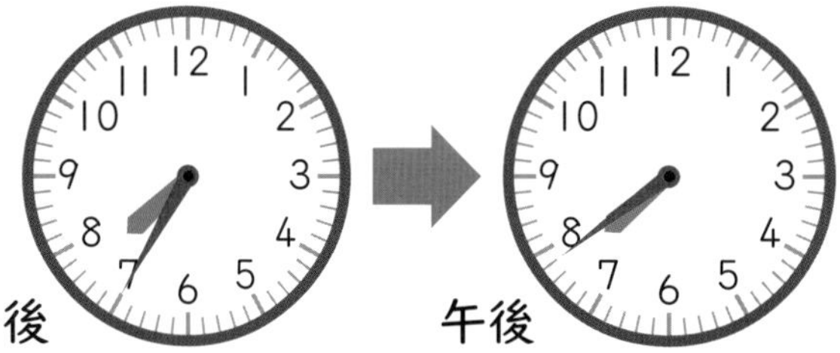

午後　午後

（　　　　　　）

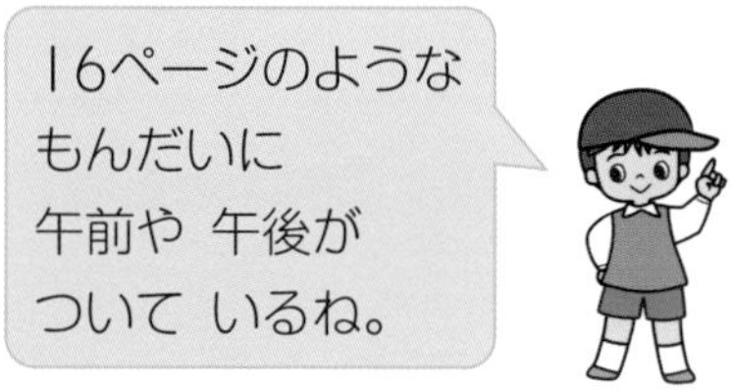
16ページのような
もんだいに
午前や 午後が
ついて いるね。

④

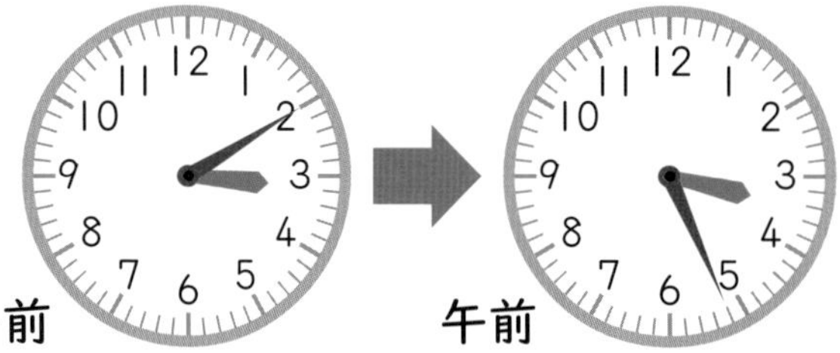

午前　午前

（　　　　　　）

答え 72ページ

月　日　　点

17 何時間 ②

午前・午後のついた「何時間」

名前

1 つぎの 時間《じかん》は 何時間《なんじかん》ですか。 1つ12［48点《てん》］

午前や 午後《ごご》が
ついて いる,
何時間か 考《かんが》える
もんだいだよ！

①

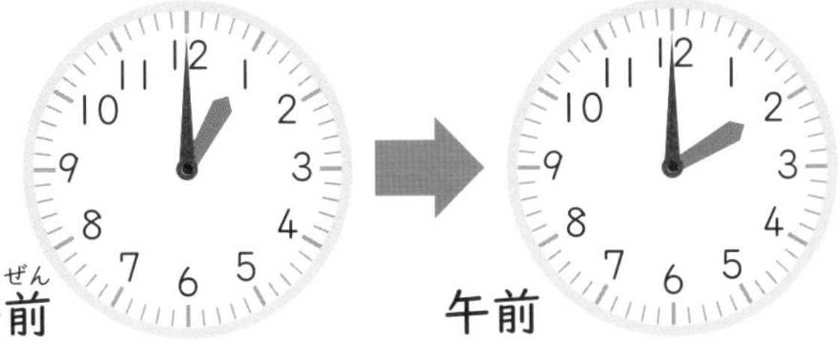

午前《ごぜん》 → 午前

（　　　　　　）

②

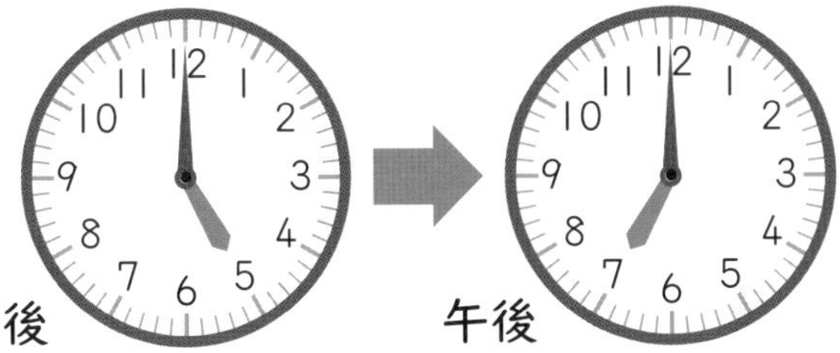

午後 → 午後

（　　　　　　）

③

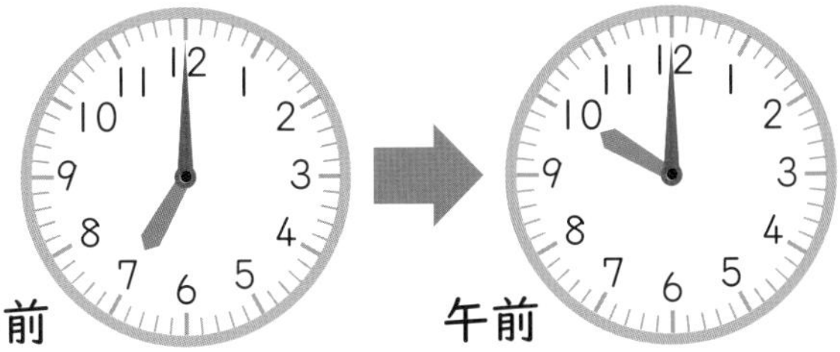

午前 → 午前

（　　　　　　）

④

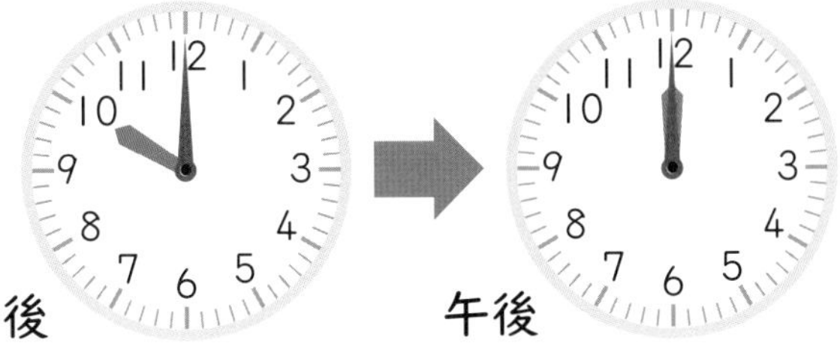

午後 → 午後

（　　　　　　）

17 何時間 ②

2 つぎの 時間《じかん》は 何時間《なんじかん》ですか。　1つ13［52点《てん》］

①

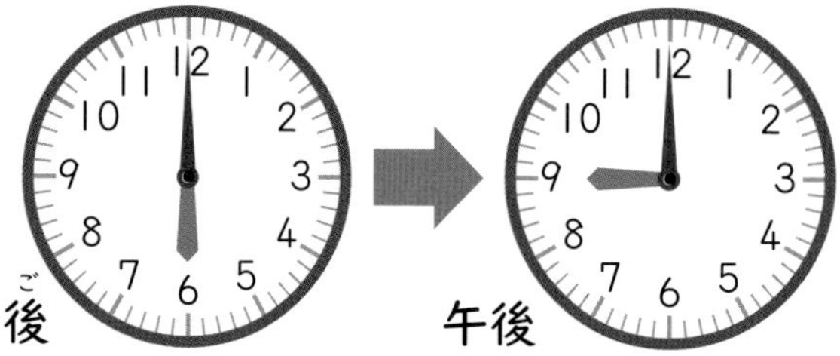

午後《ごご》　　午後　　（　　　　　　）

②

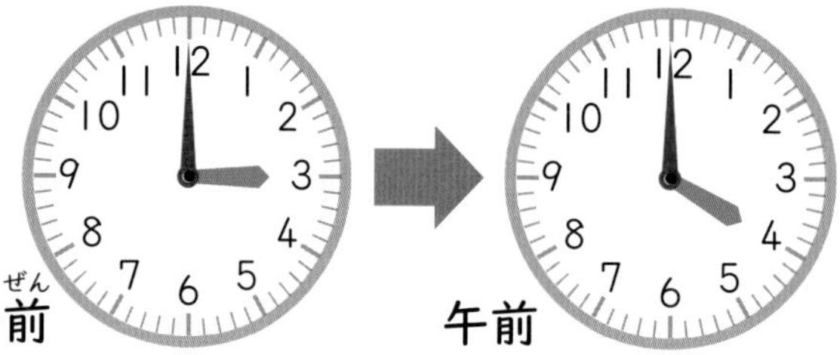

午前《ごぜん》　　午前　　（　　　　　　）

③

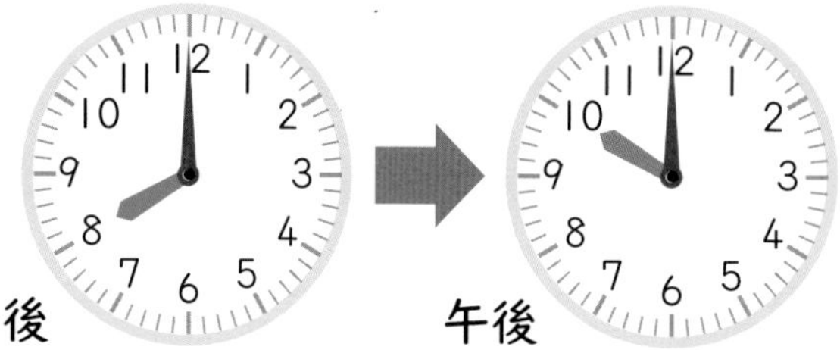

午後　　午後　　（　　　　　　）

④

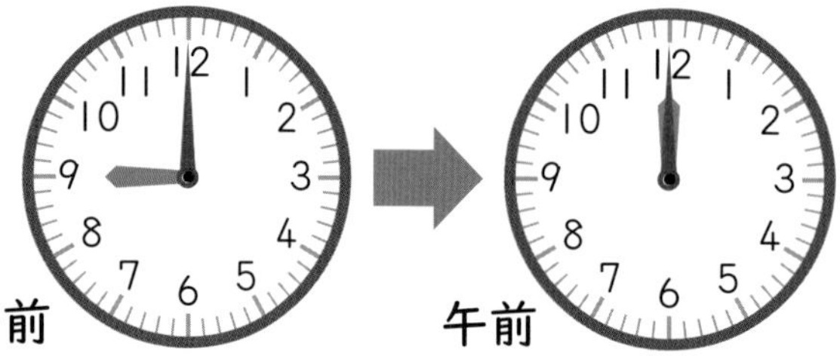

午前　　午前　　（　　　　　　）

答え 73ページ

月　　日　　点

18 何時間 ③

午前から午後までの「何時間」

名前

1 下の 図《ず》を 見て，□に あう ことばを 書《か》きましょう。

1つ12［60点《てん》］

朝《あさ》 おきる　　　正午《しょうご》　　　夜《よる》 ねる

① 朝 おきた 時《じ》こくは［午前《ごぜん》］です。

② 朝 おきてから 正午までの 時間《じかん》は［　　　］です。

③ 夜 ねた 時こくは［午後《ごご》］です。

④ 正午から 夜 ねるまでの 時間は［　　　］です。

⑤ 朝 おきてから 夜 ねるまでの 時間は，

5時間と 9時間を あわせて，［　　　］です。

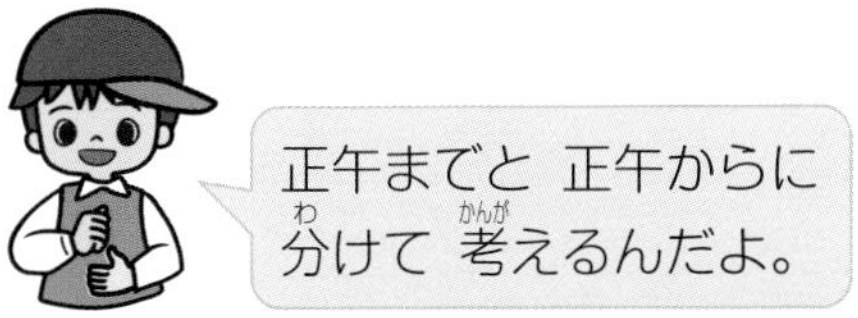
正午までと 正午からに
分《わ》けて 考《かんが》えるんだよ。

18 何時間 ③

2 つぎの 時間《じかん》は 何時間《なんじかん》ですか。

1つ10［40点《てん》］

> 午前11時から 正午《しょうご》までが
> 1時間。
> 正午から 午後3時までが
> 3時間。

①

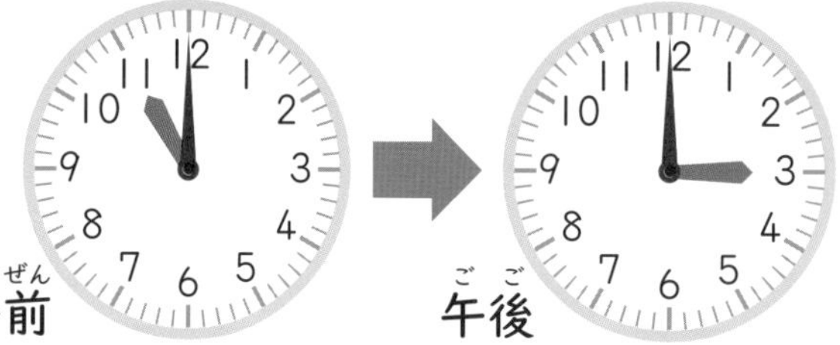

午前《ごぜん》　午後《ごご》

（　　　　　　）

②

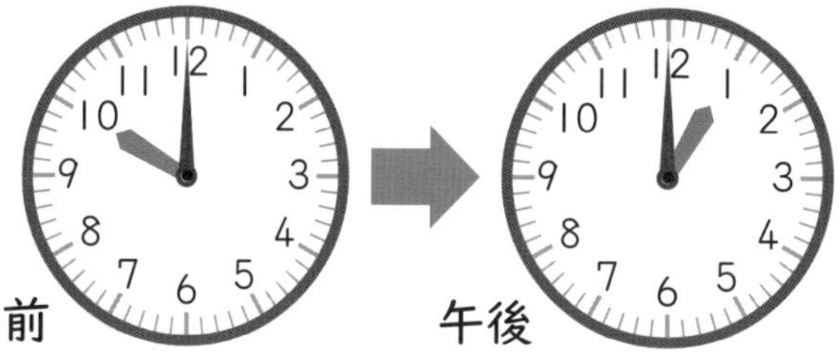

午前　午後

（　　　　　　）

③

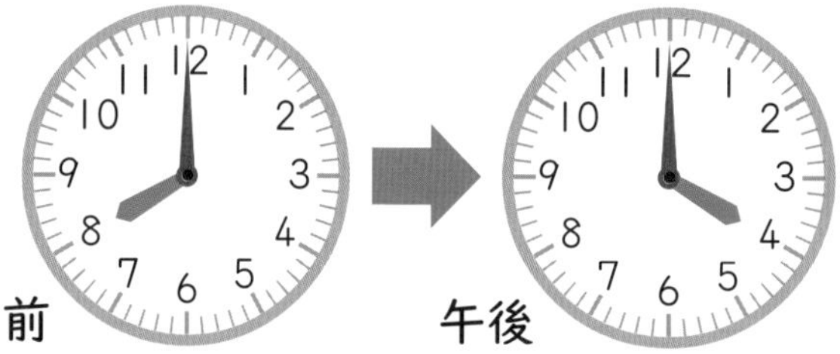

午前　午後

（　　　　　　）

④

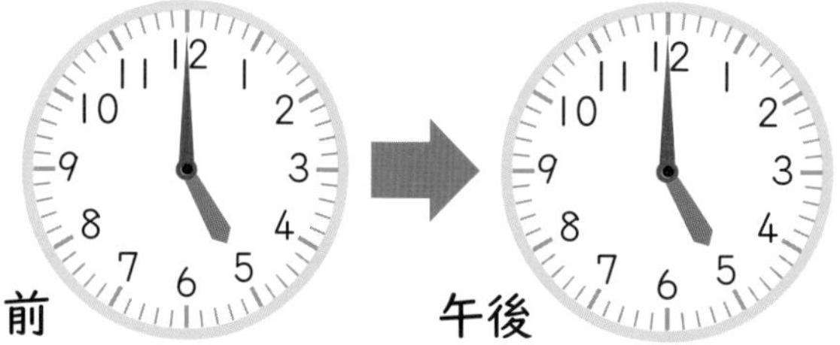

午前　午後

（　　　　　　）

答え 74ページ

月　日　　点

チョコっと まめちしき

グミの かたさと かむ 力

○かむ ことと けんこう○

グミは だん力《りょく》※が あって とても 食《しょっ》かんが よいです。かみごたえが ある グミですが，みなさんは かむ 力を いしきした ことは ありますか。かむ ことは いくつに なっても けんこうの ために 大切《たいせつ》です。

※　だん力…もとの 形《かたち》に もどろうと する 力の ことだよ。

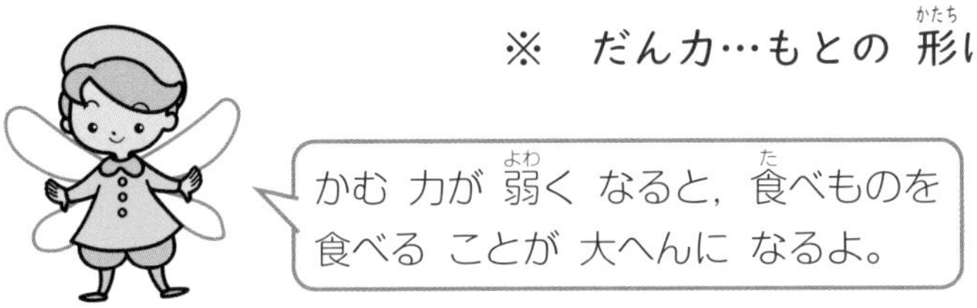
かむ 力が 弱《よわ》く なると，食《た》べものを 食べる ことが 大へんに なるよ。

○かみごたえチャート○

SOFT
HARD
1
2
3
4
5
5+
果汁グミやさしい小粒ぶどう
果汁グミぶどう
大粒ポイフルパウチ
果汁グミ弾力プラスぶどう
コーラアップ
コーラアップザハード
果汁グミ
温州みかん
ポイフル

生活《せいかつ》の 中で，自分《じぶん》の かむ 力を はかる ことは むずかしいです。そこで グミを かむ ために ひつような 力を レベル分《わ》けした「かみごたえチャート」が 作《つく》られました。グミを 食べながら かんたんに かむ力を 知《し》る ことが できます。

○ ORAL-MAPS＼オーラルマップス® ○

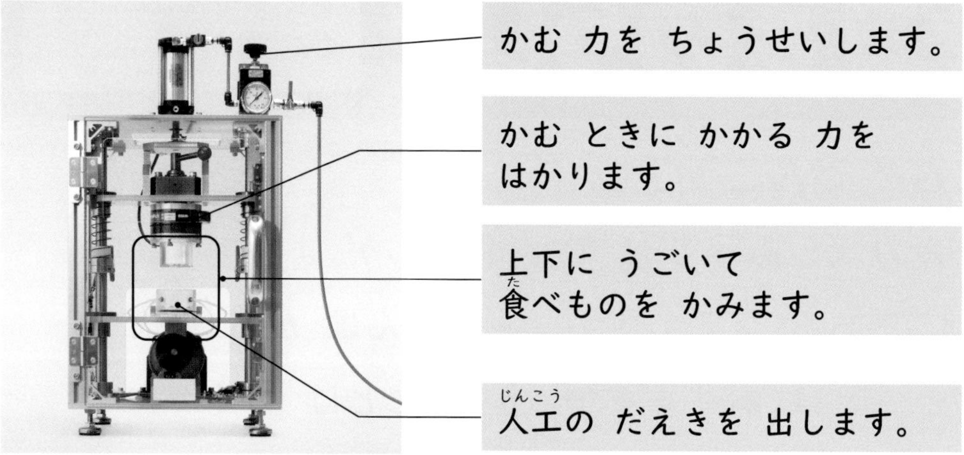
かむ 力を ちょうせいします。
かむ ときに かかる 力を はかります。
上下に うごいて 食《た》べものを かみます。
人工《じんこう》の だえきを 出します。

「ORAL-MAPS＼オーラルマップス」は株式会社 明治の登録商標です。

かみごたえチャートは ORAL-MAPS＼オーラルマップス®と いう きかいで グミの かたさを しらべて 作《つく》られました。この きかいでは，いろいろな 食べものが かんだときに どうなるかを しらべる ことが できます。

※学校法人日本歯科大学の発明（特許第5062590号：発明者 小竹佐知子教授）の ライセンス技術と，明治独自の解析と食品物性の評価技術を統合し制作

○グミの だん力《りょく》の ひみつ○

グミの だん力の ひみつは，コラーゲンと いう せい分《ぶん》に あります。コラーゲンを あたためて とかし，もういちど ひやし，かためる ことで，グミの だん力が 生まれます。コラーゲンを あたためた ものは ゼラチンと よばれます。

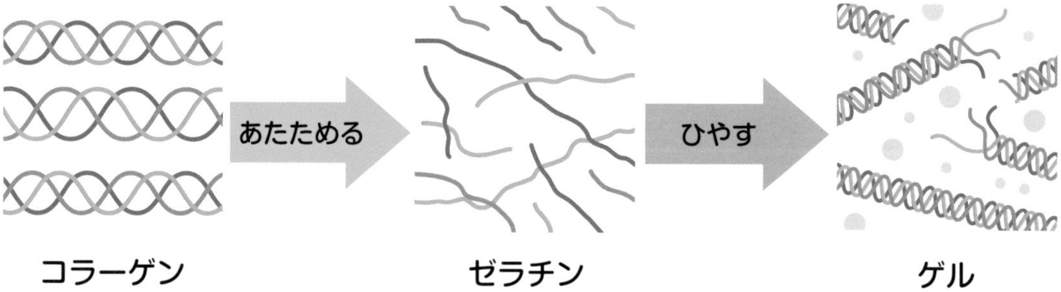
あたためる
ひやす
コラーゲン
ゼラチン
ゲル

19 何分か 前や 後の 時こく

午前・午後のついた，●分前・後の時刻

名前

1 つぎの 時《じ》こくを 答《こた》えましょう。 1つ6［36点《てん》］

① 

午前《ごぜん》 の 20分《ぷん》後《あと》

（　　　　　　　　）

② 

午前 の 10分前《まえ》

（　　　　　　　　）

③ 

午後《ごご》 の 30分前

（　　　　　　　　）

④ 

午後 の 5分《ふん》後

（　　　　　　　　）

⑤ 

午前 の 15分後

（　　　　　　　　）

⑥ 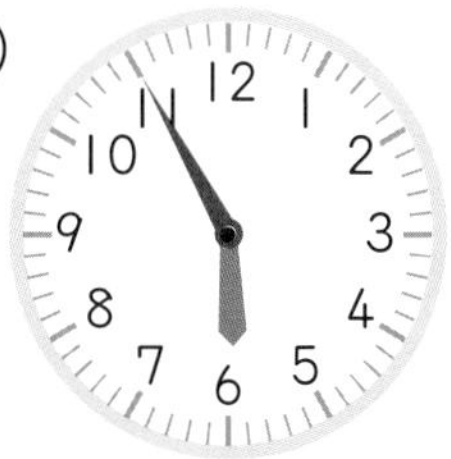

午後 の 25分前

（　　　　　　　　）

19 何分か 前や 後の 時こく

2 つぎの 時《じ》こくを 答《こた》えましょう。　1つ8 [64点《てん》]

① 午前《ごぜん》

10分《ぷん》後《あと》の 時こく

(　　　　　　　　)

10分前《まえ》の 時こく

(　　　　　　　　)

② 午後《ごご》

15分《ふん》後の 時こく

(　　　　　　　　)

20分前の 時こく

(　　　　　　　　)

③ 午前

25分後の 時こく

(　　　　　　　　)

5分前の 時こく

(　　　　　　　　)

④ 午後

10分後の 時こく

(　　　　　　　　)

30分前の 時こく

(　　　　　　　　)

答え 75ページ

月　　日　　　点

20 何時間か 前や 後の 時こく ①

午前・午後のついた，●時間前・後の時刻

名前

1 つぎの 時《じ》こくを 答《こた》えましょう。　　1つ10［60点《てん》］

①  午前《ごぜん》 の 1時間後《じかんあと》

(　　　　　　)

②  午前 の 2時間前《まえ》

(　　　　　　)

③  午後《ごご》 の 1時間前

(　　　　　　)

④  午後 の 3時間後

(　　　　　　)

⑤  午前 の 2時間後

(　　　　　　)

⑥  午後 の 3時間前

(　　　　　　)

20 何時間か 前や 後の 時こく ①

2 つぎの 時《じ》こくを 答《こた》えましょう。 1つ5［40点《てん》］

① 午前《ごぜん》

1時間後《じかんあと》の 時こく

(　　　　　　)

2時間前《まえ》の 時こく

(　　　　　　)

② 午後《ごご》

2時間後の 時こく

(　　　　　　)

3時間前の 時こく

(　　　　　　)

③ 午前

3時間後の 時こく

(　　　　　　)

1時間前の 時こく

(　　　　　　)

④ 午後

4時間後の 時こく

(　　　　　　)

4時間前の 時こく

(　　　　　　)

答え 76ページ

月　日　　点

21 何時間か 前や 後の 時こく ②

正午をまたぐ，●時間前・後の時刻

名前

1 そらさんは，午前《ごぜん》11時《じ》に 家《いえ》を 出てから 4時間後《じかんあと》に 家に 帰《かえ》って きました。下の 図《ず》を 見て，□に あう ことばを 書《か》きましょう。

1つ10［40点《てん》］

家を 出る　　正午《しょうご》　　家に 帰る

① 家を 出た 時こくは 午前 です。

② 家を 出てから 正午までの 時間は □ です。

③ 4−1=3だから，正午から 家に 帰るまでの 時間は □ です。

④ ③から，家に 帰った 時こくは，午後《ごご》 と いう ことが わかります。

21 何時間か 前や 後の 時こく ②

2 りんさんは，午後《ごご》4時《じ》に おやつを 食《た》べはじめました。
その 9時間前《じかんまえ》に 朝《あさ》ごはんを 食べはじめた そうです。
下の 図《ず》を 見て，□に あう ことばを 書《か》きましょう。

1つ15［60点《てん》］

朝ごはんを 食べはじめる　　正午《しょうご》　　おやつを 食べはじめる

① おやつを 食べはじめた 時こくは

［午後　　　　］です。

② 正午から おやつを 食べはじめるまでの 時間は

［　　　　］です。

③ 9−4=5だから，朝ごはんを 食べはじめてから

正午までの 時間は［　　　　］です。

④ ③から，朝ごはんを 食べはじめた 時こくは，

［午前《ごぜん》　　　　］と いう ことが わかります。

答え 77ページ　　月　　日　　点

22 2年生の まとめ

2年生の時刻と時間のまとめ

名前

1 つぎの 時間《じかん》を 答《こた》えましょう。

1つ10［40点《てん》］

①

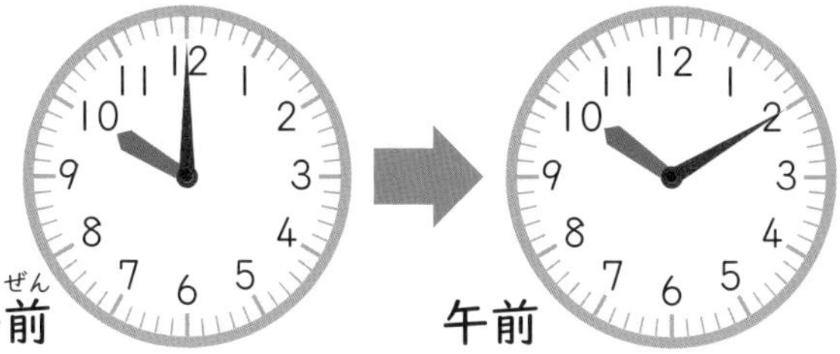

午前《ごぜん》　午前

（　　　　　　）

おぼえて
いるかな？

②

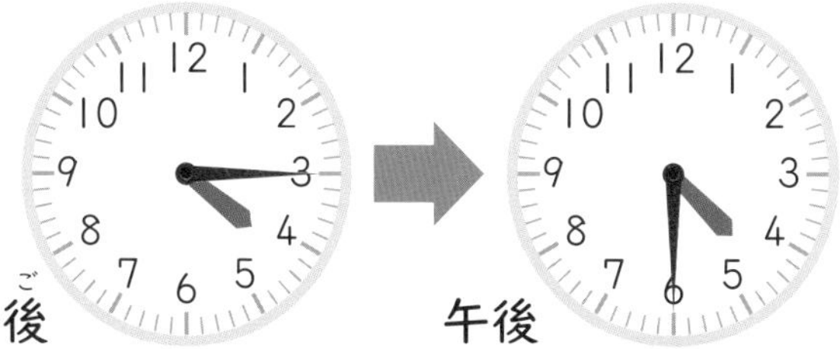

午後《ごご》　午後

（　　　　　　）

③

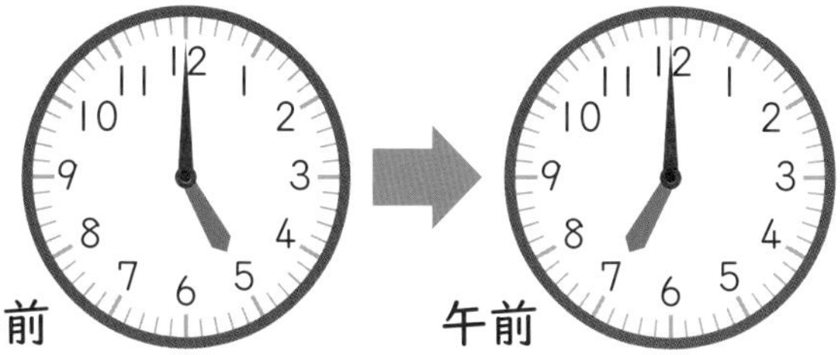

午前　午前

（　　　　　　）

午前と 午後にも
気を つけて
時こくを 読《よ》もう。

④

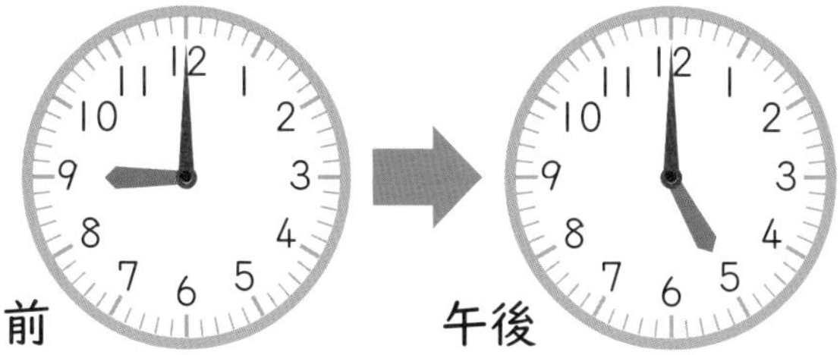

午前　午後

（　　　　　　）

22 2年生の　まとめ

2 □に　あう　数《かず》や　ことばを　書《か》きましょう。　1つ8［40点《てん》］

① 1時間《じかん》＝□分《ぷん》

② 午前《ごぜん》は□時間，午後《ごご》は□時間です。

③ 午前12時の　ことを，□と　いいます。

④ 1日＝□時間

3 つぎの　時こくを　答《こた》えましょう。　1つ5［20点］

① 午前

20分後《あと》の　時こく

（　　　　　　　　）

2時間後の　時こく

（　　　　　　　　）

② 午後

15分前《ふんまえ》の　時こく

（　　　　　　　　）

1時間前の　時こく

（　　　　　　　　）

時こくと　時間の　もんだいは　これで　さい後《ご》だよ。
よく　がんばったね！

答え　78ページ　　　月　　日　　　点

おかしなドリル

小学2年　時こくと時間

答《こた》えと てびき

答えあわせを しよう！
まちがえた もんだいは
どうして まちがえたか 考《かんが》えて
もういちど といてみよう。

もんだいと 同《おな》じように
切《き》りとって つかえるよ。

1 1年生の ふくしゅう

1年生で学習した時刻読み取りの復習

名前

1 時計《とけい》を 読《よ》みましょう。 ①〜⑥1つ7，⑦8［50点《てん》］

長《なが》い はりが
12だから
「●時《じ》」と
答《こた》えるよ。

① 
（ 4時 ）

② 
（ 1時 ）

長い はりが
6だから
「●時半《はん》」と
答えるよ。
「●時30分《ぷん》」と
答えても いいよ。

③ 
（ 10時半 ）

④ 
（ 8時半 ）

⑤ 
（ 12時 ）

⑥ 
（ 3時半 ）

⑦ 
（ 5時 ）

1 1年生の ふくしゅう

2 時計《とけい》を 読《よ》みましょう。 ①〜⑥1つ6，⑦⑧1つ7［50点《てん》］

長《なが》い はりの
1めもりは 1分《ぷん》。
8時《じ》から 1めもり
すすんで いるね。

① 
（ 8時1分 ）

② 
（10時5分）

③ 
（4時10分）

④ 
（5時38分）

⑤ 
（3時51分）

⑥ 
（9時23分）

⑦ 
（6時47分）

⑧ 
（7時59分）

答え 56ページ

月 日

点

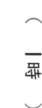

2 時こくと 時間

時刻と時間の違いや使い分け

名前

1 下の 絵《え》を 見て，□に あう 数《かず》や ことばを 書《か》きましょう。

1つ10［60点《てん》］

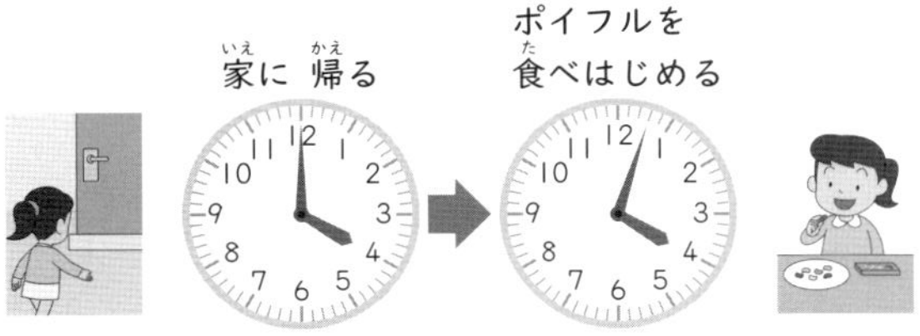

① 家に 帰った **時こく** は 4時です。

② ポイフルを 食べはじめた 時こくは **4** 時 **3** 分《ぷん》です。

③ 家に 帰ってから ポイフルを 食べはじめるまでに 長《なが》い はりは **3** めもり すすんで いるので，かかった **時間《じかん》** は **3 分** です。

★時刻は時間よりも言い慣れていないので，時刻のことを時間と言ってしまいがちです。普段の生活のなかでも意識して使い分けてみましょう。

時こくと 時こくの 間《あいだ》が 時間だよ。

長い はりが 1めもり すすむ 時間は 1分だよ。

2 時こくと 時間

2 つぎの 時間《じかん》は 何分《なんぷん》ですか。

1つ10［40点《てん》］

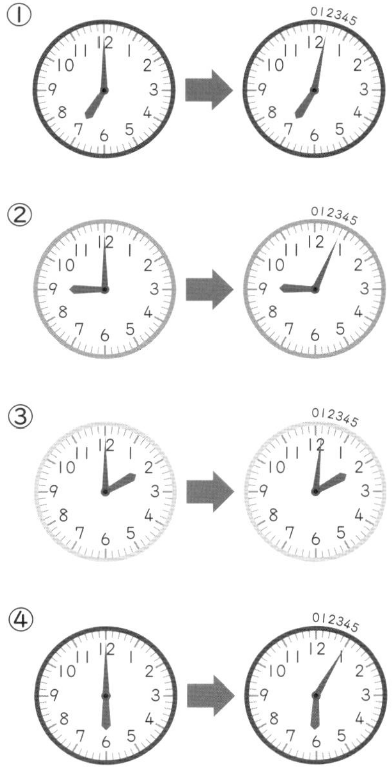

長《なが》い はりが 2めもり すすんで いるから……。

① （ 2分 ）

★長針が，●時ちょうどのところ（12のところ）から何めもり進んだかを数えて時間を求めます。

② （ 4分 ）

③ （ 1分 ）

④ （ 5分 ）

答え 57ページ

月　日　点

3 何分 ①

●時ちょうどから●時（5の倍数）分までの時間

名前

■1 家《いえ》に 帰《かえ》ってから，かじゅうグミを 食《た》べはじめるまでに かかった 時間《じかん》は 何分《なんぷん》ですか。 [20点《てん》]

家に 帰る

かじゅうグミを 食べはじめる

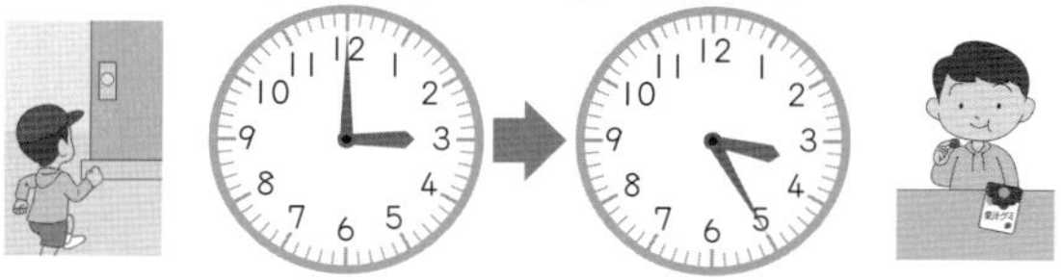

長《なが》い はりが 12から 5まで 25めもり すすんで いるね。

25めもり すすむと 時間は……。

25 分《ふん》

■2 つぎの 時間は 何分ですか。 1つ10 [20点]

①

（ 5 分 ）

②

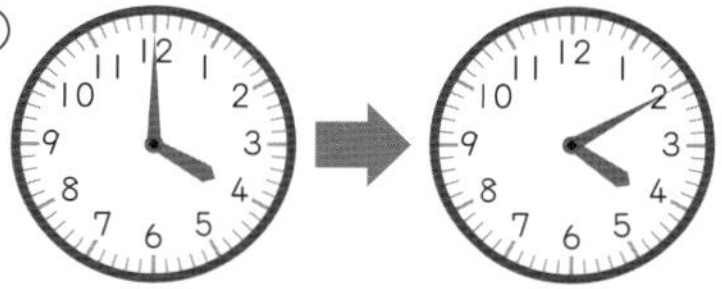

★このような問題の場合は，1分，2分，……と数えるよりも，5分，10分，……と5とびで数えると，スムーズです。

（ 10分 ）

3 何分 ①

■3 つぎの 時間《じかん》は 何分《なんぷん》ですか。 1つ15 [60点《てん》]

①

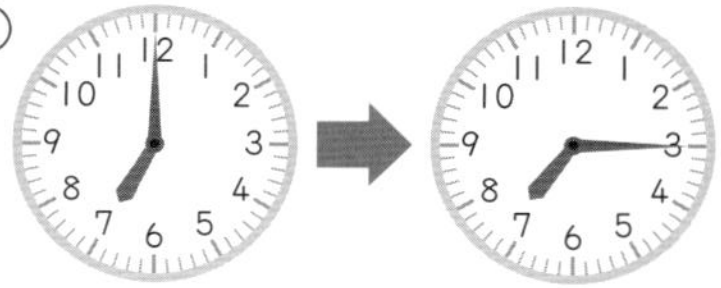

長《なが》い はりが 12から 3まで 15めもり すすんで いるから……。

（ 15分 ）

★1を5，2を10，……と読むことは1年生でも学習していますが，簡単な考え方ではないので，復習しておきましょう。

②

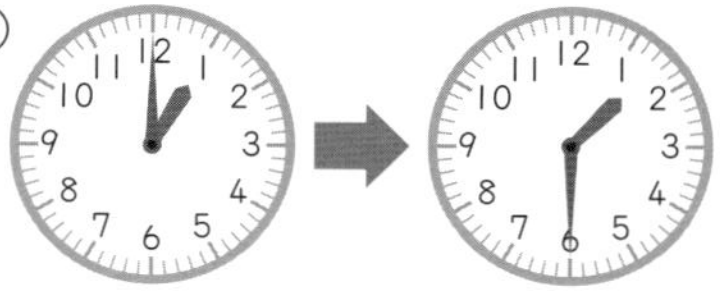

（ 30分 ）

③

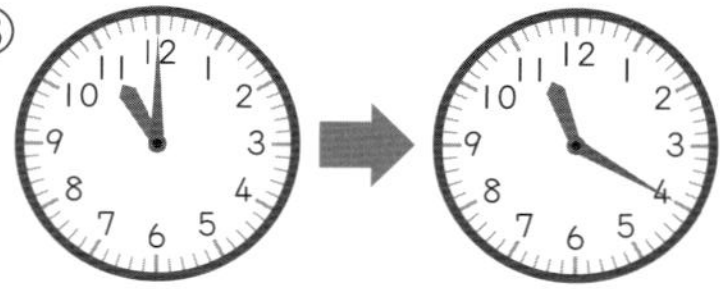

（ 20分 ）

④

（ 55分 ）

答え 58ページ

月　日

点

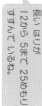

4 何分 ②

●時ちょうどから●時▲分までの時間

名前

1 下の 絵《え》を 見て，□に あう 数《かず》や ことばを 書《か》きましょう。

1つ12［60点《てん》］

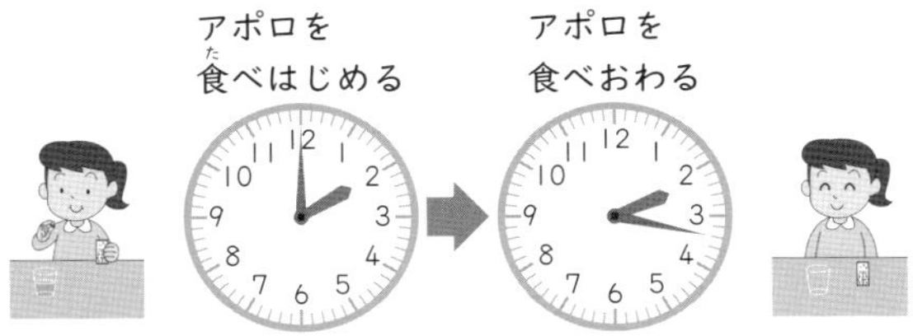
アポロを
食《た》べはじめる
アポロを
食べおわる

① アポロを 食べはじめた 時《じ》こくは 2 時です。

② アポロを 食べおわった 時こくは

2 時 17 分《ふん》です。

★長針が時計の数字3つぶん進むと15めもり，そこから更に2めもり進むので17めもりだから17分と考えます。

③ アポロを 食べはじめてから 食べおわるまでに，

長《なが》い はりは 12から 3までの 15めもりと，

3から 2めもり すすんで いるから，15めもりと 2めもりを

あわせて 17 めもり すすみました。

アポロを 食べはじめてから 食べおわるまでに かかった

時間《じかん》は， 17分 です。

4 何分 ②

2 つぎの 時間《じかん》は 何分《なんぷん》ですか。

1つ10［40点《てん》］

①

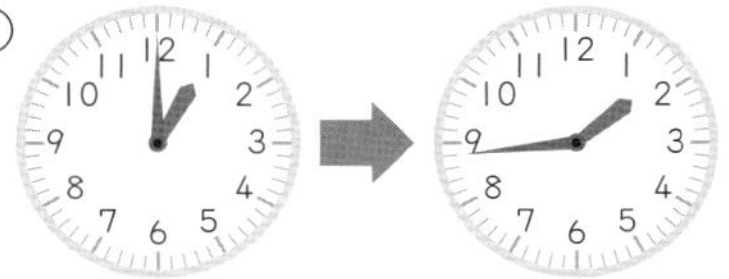

（ 44分 ）

②

（ 27分 ）

③

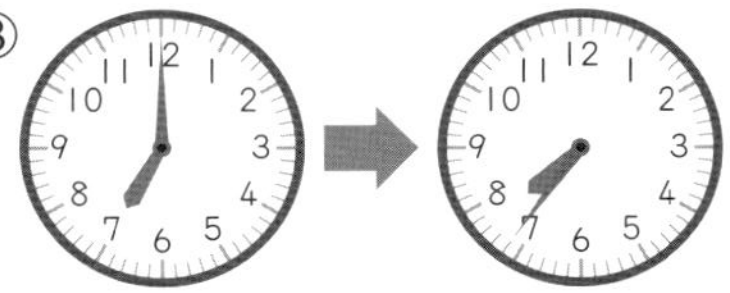

（ 36分 ）

④

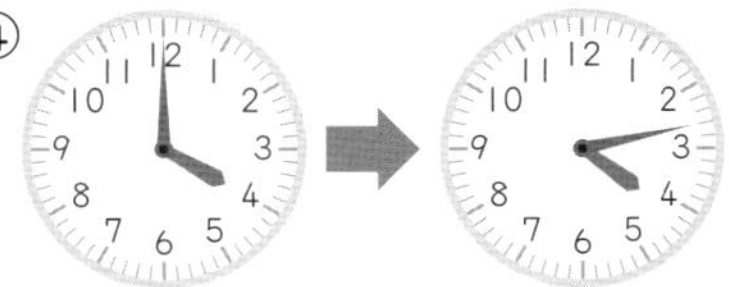

④は，12の ところから
13めもり すすんで いると
考《かんが》えても いいよ。

（ 13分 ）

答え 59ページ

月　日

点

5 何分 ③

●時（5の倍数）分から●時（5の倍数）分までの時間

名前

1 下の 絵《え》を 見て，□に あう 数《かず》や ことばを 書《か》きましょう。

1つ10［60点《てん》］

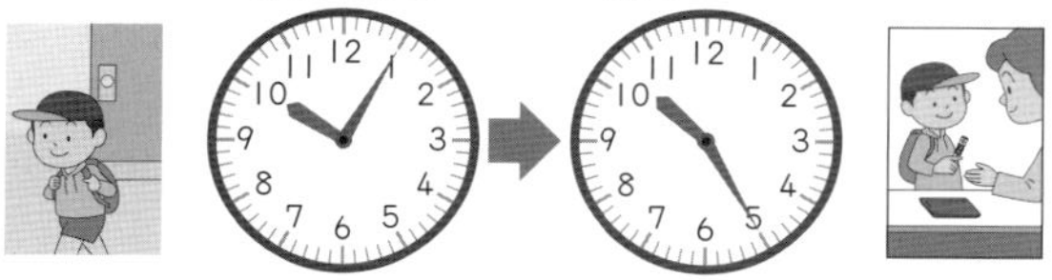

家《いえ》を 出る
マーブルを 買《か》う

① 家を 出た 時《じ》こくは 10 時 5 分《ふん》です。

② マーブルを 買った 時こくは 10 時 25 分です。

★●時ちょうどではない時刻から●時▲分までの時間を求めます。これまでと同様に，時計に書かれた数字や，小さいめもりの数から考えます。

③ 家を 出てから マーブルを 買うまでに，長《なが》い はりは 1から 5まで 20 めもり すすんだから，家を 出てから マーブルを 買うまでに かかった 時間《じかん》は 20分 です。

10時5分から
10時25分まで
長い はりが さして いる 数字《すうじ》は
4 すすんで いるね。

5 何分 ③

2 つぎの 時間《じかん》は 何分《なんぷん》ですか。

1つ10［40点《てん》］

① 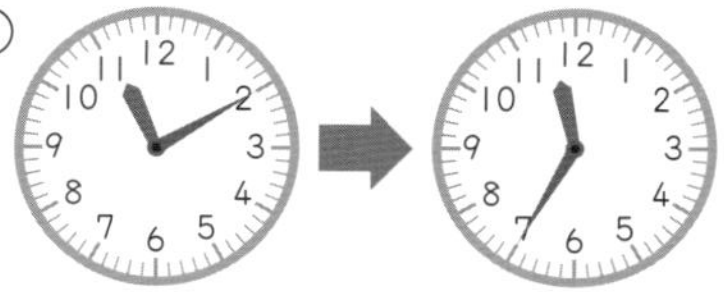
（ 25分 ）

② 
（ 10分 ）

③ 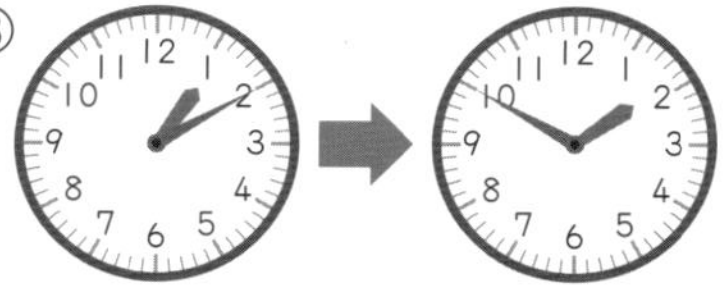
（ 40分 ）

④ 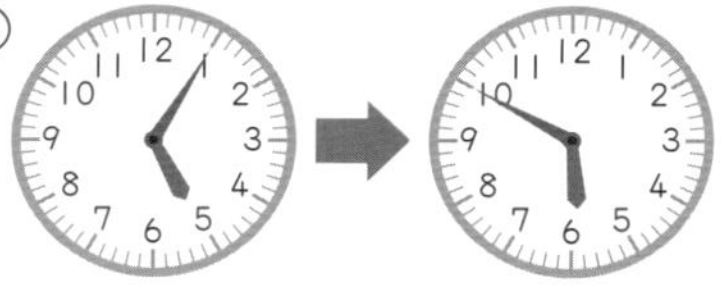
（ 45分 ）

答え 60ページ

月 日

点

6 何分 ④

●時（5の倍数）分から●時▲分までの時間

名前

1 下の 絵《え》を 見て，□に あう 数《かず》や ことばを 書《か》きましょう。

1つ10［60点《てん》］

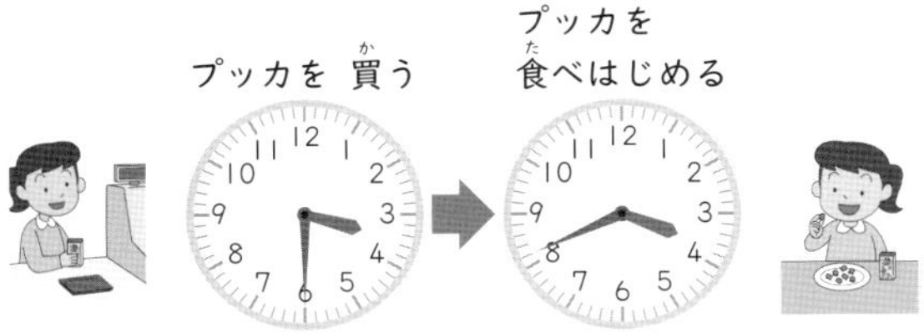

① プッカを 買った 時《じ》こくは 3 時 30 分《ぶん》です。

② プッカを 食べはじめた 時こくは

3 時 41 分です。

③ プッカを 買ってから 食べはじめるまでに，
長《なが》い はりは 6から 8までの 10めもりと，
8から 1めもり すすんで いるから，10めもりと 1めもりを
あわせて 11 めもり すすみました。

プッカを 買ってから 食べはじめるまでに かかった
時間《じかん》は， 11分 です。

6 何分 ④

2 つぎの 時間《じかん》は 何分《なんぷん》ですか。

1つ10［40点《てん》］

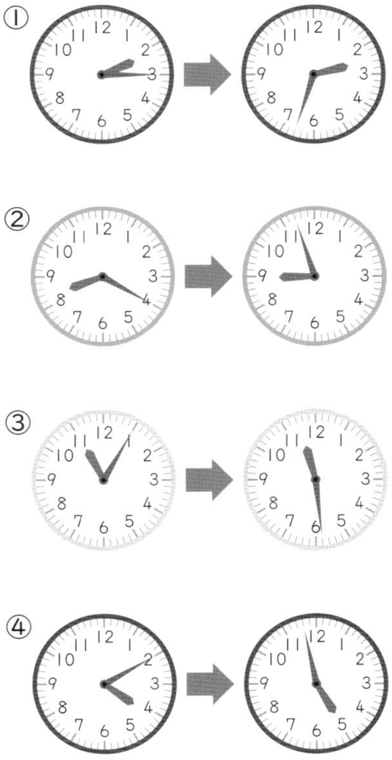

①（ 18分 ）

②（ 37分 ）

③（ 24分 ）

★求める時間が長くなってくると，計算を間違えやすくなります。注意して考えましょう。

④（ 48分 ）

答え 61ページ　　月　日　　点

7 1時間

1時間＝60分

名前

1 下の 図《ず》を 見て，□に あう 数《かず》や ことばを 書《か》きましょう。 1つ6［18点《てん》］

① 長《なが》い はりが 1めもり すすむ 時間《じかん》は 1 分《ぷん》です。

② 長い はりが ひと回《まわ》りする 時間は 1時間 です。

③ 1時間＝ 60 分です。

2 1時間10分は 何分《なんぷん》か 考《かんが》えます。□に あう 数を 書きましょう。 1つ5［10点］

1時間は 60 分だから，1時間10分は，60分と 10分を あわせた 時間です。

だから，1時間10分＝ 70 分です。

60分と 10分を あわせると 何分かな？

7 1時間

3 80分《ぷん》は 何時間《なんじかん》何分か 考《かんが》えます。□に あう 数《かず》を 書《か》きましょう。 1つ6［18点《てん》］

1時間は 60 分なので，80分を 60分と 20分に 分《わ》けて 考えます。

だから，80分＝ 1 時間 20 分です。

4 □に あう 数を 書きましょう。 1つ6［54点］

① 1時間30分＝ 90 分

② 100分＝ 1 時間 40 分

③ 2時間＝ 120 分

④ 110分＝ 1 時間 50 分

⑤ 1時間5分《ふん》＝ 65 分

⑥ 75分＝ 1 時間 15 分

1時間＝60分を つかって 考えよう！

答え 62ページ　月　日　点

8 何時間 ①

●時から▲時までの時間

名前

■1 下の 図《ず》を 見て，□に あう 数《かず》や ことばを 書《か》きましょう。

1つ15［60点《てん》］

家《いえ》に 帰《かえ》る
きのこの山を
食《た》べはじめる

① 家に 帰った 時《じ》こくは [2] 時です。

② きのこの山を 食べはじめた 時こくは

[3] 時です。

★何分（間）の学習から，何時間の学習にうつります。1時間で長針は1周し，短針は2から3などのように時計上の数字1つ分動くことを意識しましょう。

③ 2時から 3時までの 間《あいだ》に，みじかい はりは 2から 3まで 数字《すうじ》 1つ分《ぶん》 すすんで います。

長《なが》い はりは [1] 回《かい》 回《まわ》って いるから，

家に 帰ってから きのこの山を 食べはじめるまでの

時間《じかん》は [1時間] です。

1時間に，
長い はりや みじかい はりは
どんなふうに うごくか
わかったかな。

8 何時間 ①

■2 つぎの 時間《じかん》は 何時間《なんじかん》ですか。

1つ10［40点《てん》］

長《なが》い はりが 何回《なんかい》
回《まわ》って いるかな？

①

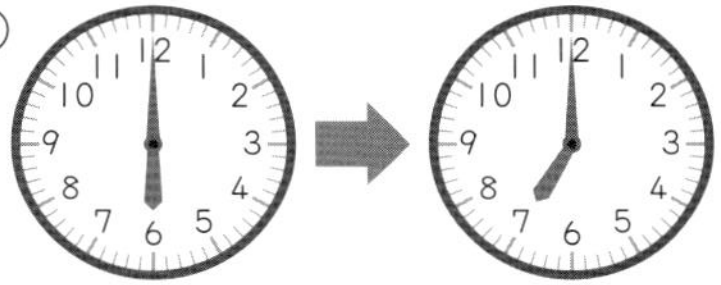

（ 1時間 ）

②

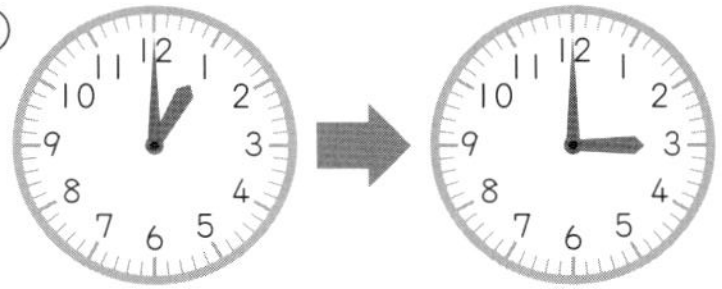

（ 2時間 ）

③

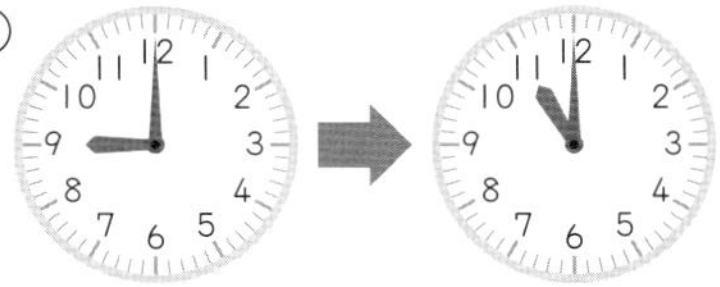

（ 2時間 ）

④

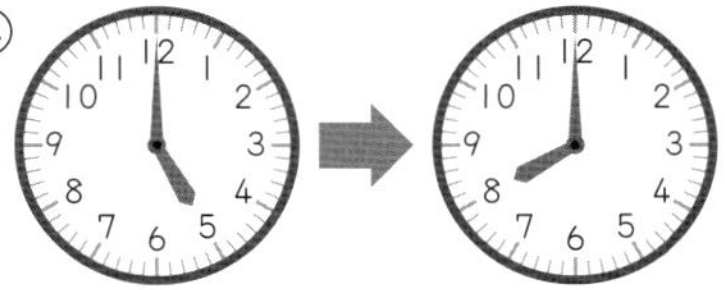

★短針のさす数字が5から8へ3つ分移動しており，長針は3回回っているので3時間と考えます。

（ 3時間 ）

答え 63ページ

月 日

点

9 時間

何分・何時間（2～8のまとめ）

名前

1 正しい ほうに，○を つけましょう。　1つ9［18点《てん》］

① たけのこの里《さと》を 食《た》べはじめた

（ 時《じ》こく ・ 時間《じかん》 ）は，3時です。（答え：時こく）

② たけのこの里を 食べはじめてから 食べおわるまでに

かかった（ 時こく ・ 時間 ）は，（答え：時間）

15分《ふん》です。

2 つぎの 時間は 何分《なんぷん》ですか。　1つ8［24点］

★何分の復習です。わからなかったところは，もう一度前の問題に戻ってみましょう。

①
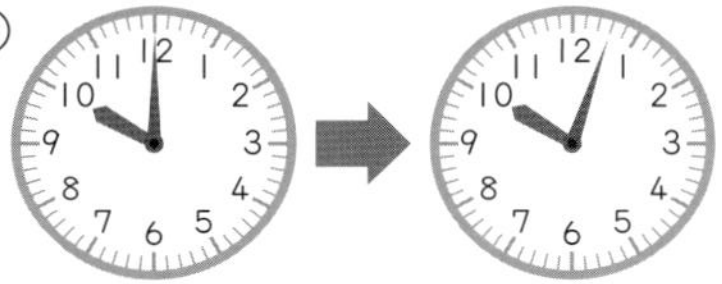
（ 3分 ）

②
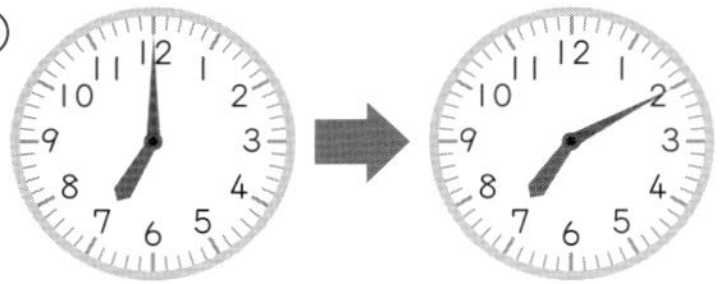
（ 10分 ）

③
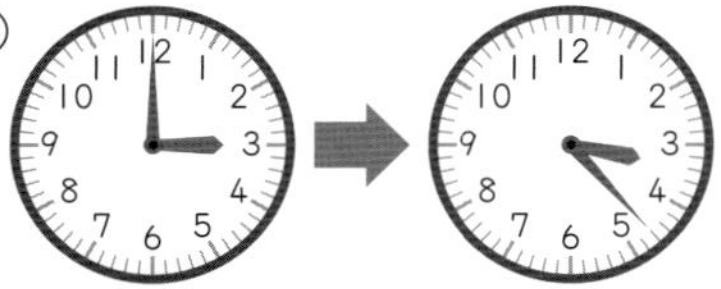
（ 23分 ）

9 時間

3 つぎの 時間《じかん》は 何分《なんぷん》ですか。　1つ10［20点《てん》］

①
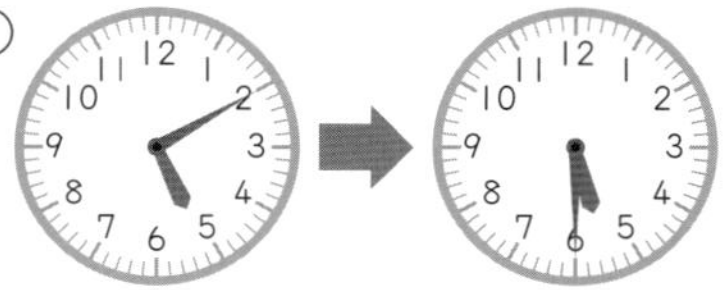
（ 20分 ）

②
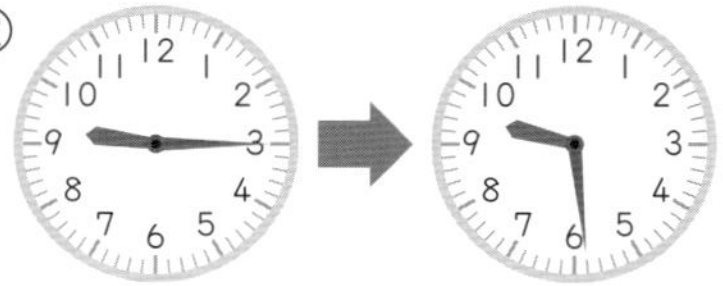
（ 14分 ）

4 つぎの 時間は 何時間ですか。　［8点］

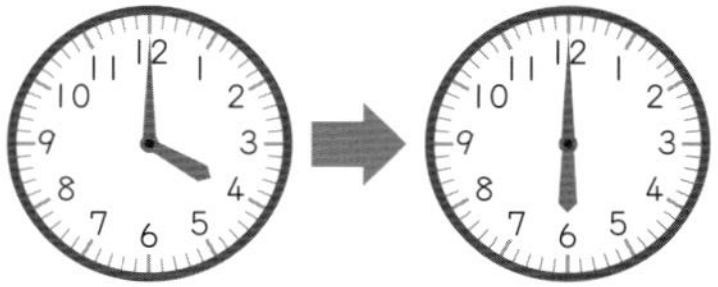
（ 2時間 ）

5 □に あう 数《かず》を 書《か》きましょう。　1つ10［30点］

1時間＝60分
だったね。

① 1時間40分＝[100]分

② 70分＝[1]時間[10]分

答え 64ページ

月　日

点

10 何時間か 後の 時こく

ある時刻から●時間後の時刻

名前

1 下の 図《ず》を 見て，□に あう 数《かず》や ことばを 書《か》きましょう。

1つ10［20点］

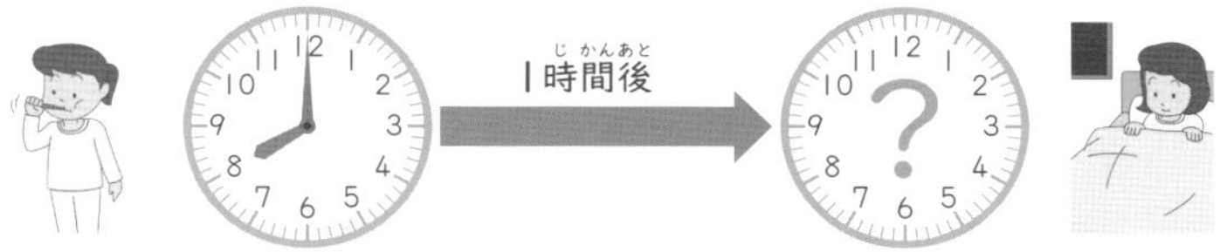

1時間で 長《なが》い はりは 右回《まわ》りに ひと回りします。

ひと回りすると，みじかい はりは 8から **9** に

すすむから，8時の 1時間後の 時こくは **9 時** です。

2 つぎの 時こくは 何時《なんじ》ですか。

1つ15［30点］

①

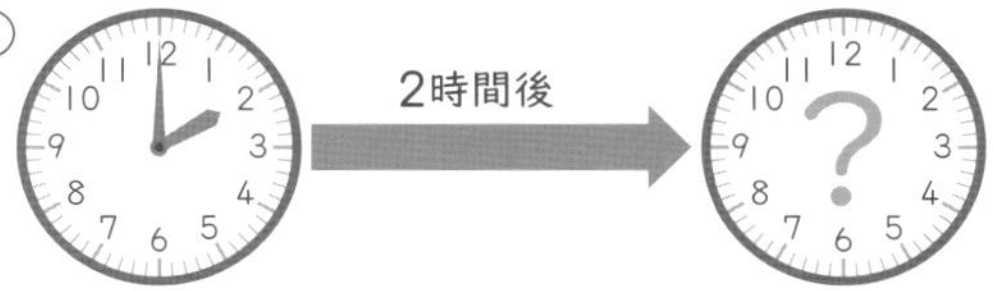

（ 4時 ）

②

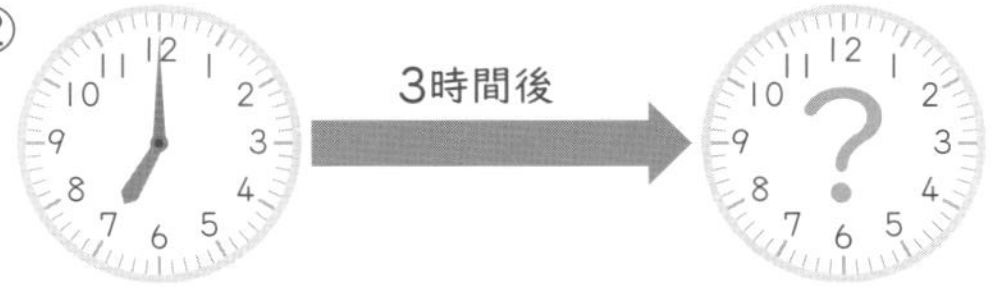

（ 10時 ）

10 何時間か 後の 時こく

3 7時《じ》5分《ふん》の 1時間後《じかんあと》の 時こくを 考《かんが》えます。□に あう 数《かず》を 書《か》きましょう。

1つ10［30点］

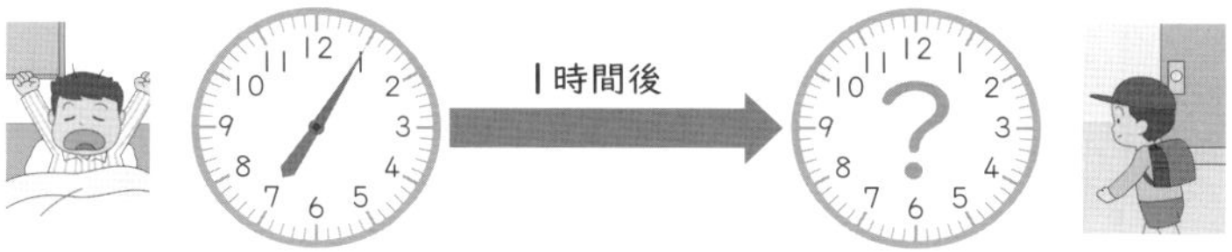

1時間で 長《なが》い はりは 右回《まわ》りに ひと回りするから，

7時5分から 1時間 たつと，長い はりは 数字《すうじ》の 1の

ところから ひと回りして 数字の **1** の ところに

もどって きます。

だから，7時5分の 1時間後の 時こくは

8 時 **5** 分です。

4 つぎの 時こくは 何時何分《なんじなんぷん》ですか。

［20点］

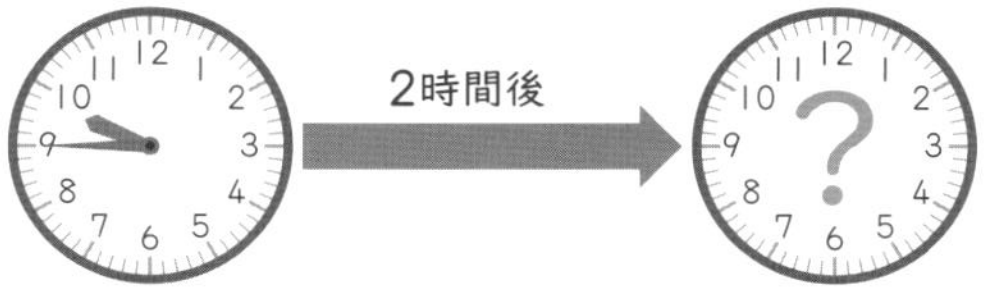

★●時間後の時刻を求める問題では，「何時」の部分に注目します。

（ 11時45分 ）

答え 65ページ

月 日

点

11 何時間か 前の 時こく

ある時刻から●時間前の時刻

名前

1 下の 図《ず》を 見て，□に あう 数《かず》や ことばを 書《か》きましょう。

1つ10［20点《てん》］

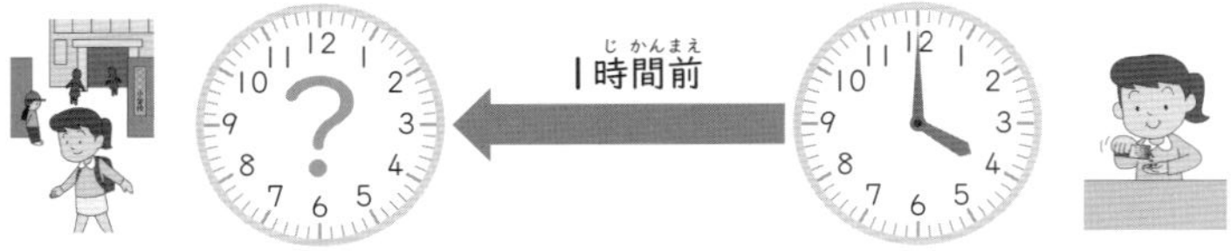

1時間で 長《なが》い はりは 右回《まわ》りに ひと回りします。

4時の 1時間前の 時こくを 考《かんが》えるので，長い はりを 左回りに ひと回りするように 考えます。

みじかい はりが 4から 3 に もどるから，

4時の 1時間前の 時こくは 3 時 です。

2 つぎの 時こくは 何時《なんじ》ですか。

1つ15［30点］

①

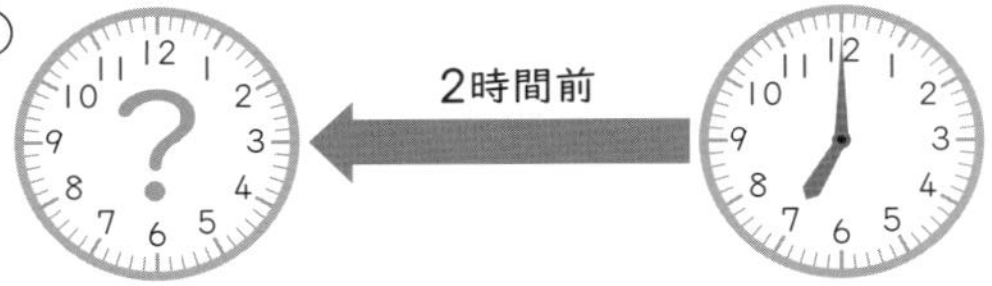

（ 5時 ）

②

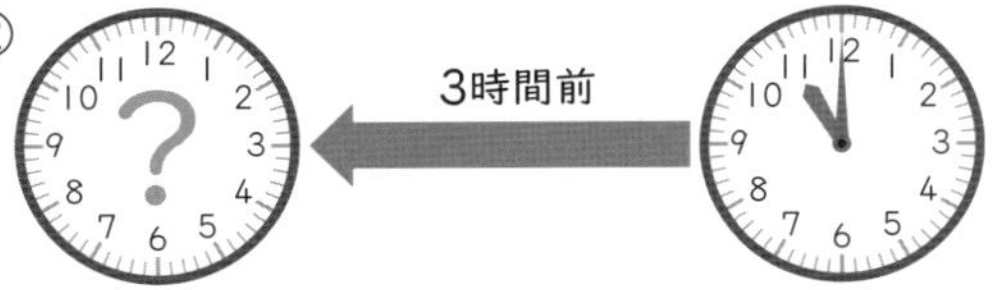

（ 8時 ）

11 何時間か 前の 時こく

3 6時《じ》15分《ふん》の 1時間前《じかんまえ》の 時こくを 考《かんが》えます。□に あう 数《かず》を 書《か》きましょう。

1つ10［30点《てん》］

1時間で 長《なが》い はりは 右回《まわ》りに ひと回りします。

6時15分から 1時間 もどると，長い はりは 数字《すうじ》の 3の ところから 左回りに ひと回りして 数字の 3 の ところに もどって きます。

だから，6時15分の 1時間前の 時こくは

5 時 15 分です。

4 つぎの 時こくは 何時何分《なんじなんぷん》ですか。

［20点］

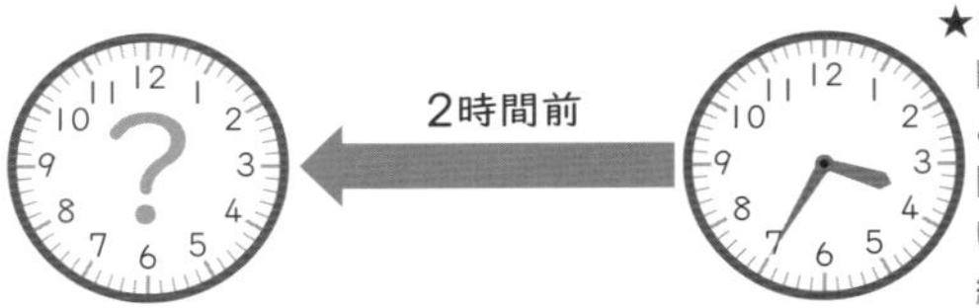

★●時間「後」に比べ，時間や時計の針を戻すようにして考える●時間「前」は，少し難しい問題です。くり返し練習しましょう。

（ 1時35分 ）

答え 66ページ 月 日 点

12 何分か 後の 時こく

ある時刻から●分後の時刻

名前

1 下の 図《ず》を 見て，□に あう 数《かず》や ことばを 書《か》きましょう。 1つ10［20点《てん》］

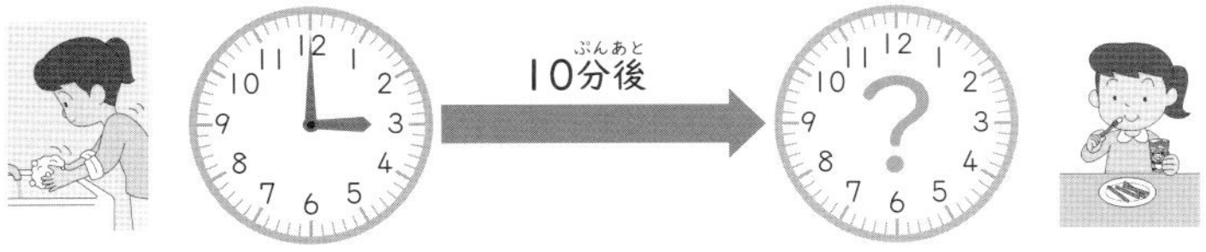

1分で 長《なが》い はりは 右回《まわ》りに 1めもり すすみます。
3時《じ》から 10分 たつと，長い はりは **10** めもり
すすむから，3時の 10分後の 時こくは
3 時 10 分 です。

2 つぎの 時こくは 何時《なんじ》何分ですか。 1つ10［20点］

①

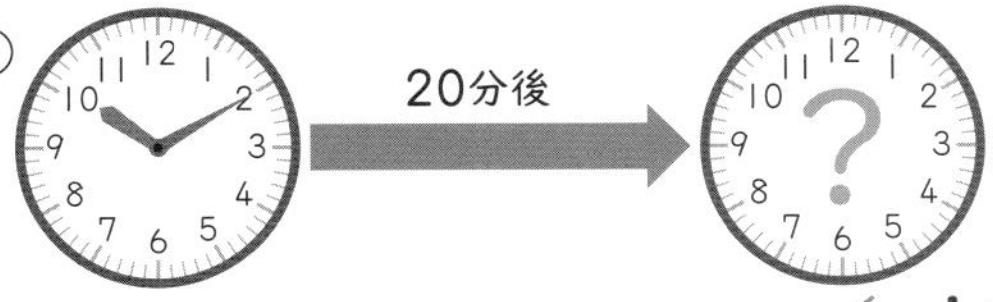

（ 10時30分 ）

②

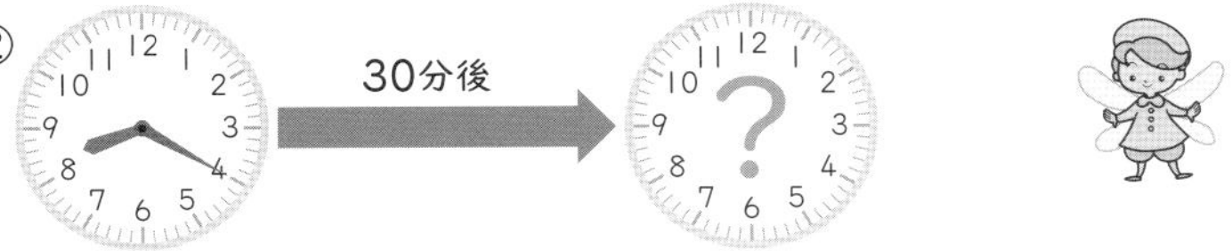

（ 8時50分 ）

12 何分か 後の 時こく

3 つぎの 時《じ》こくを 答《こた》えましょう。 1つ10［60点《てん》］

①  の 10分後《ぶんあと》

（ 4時50分 ）

②  の 20分後

（ 6時40分 ）

③  の 30分後

（ 2時45分 ）

④  の 25分《ふん》後

（ 9時55分 ）

⑤  の 10分後

⑥  の 15分後

★●時間後，●時間前に続いて，●分後の時刻を学習します。
時計の長針を右回りに動かすようにして，考えましょう。

（ 11時 ） （ 2時 ）

答え 67ページ

月 日 点

13 何分か 前の 時こく

ある時刻から●分前の時刻

名前

1 下の 図《ず》を 見て，□に あう 数《かず》や ことばを 書《か》きましょう。

1つ10［20点《てん》］

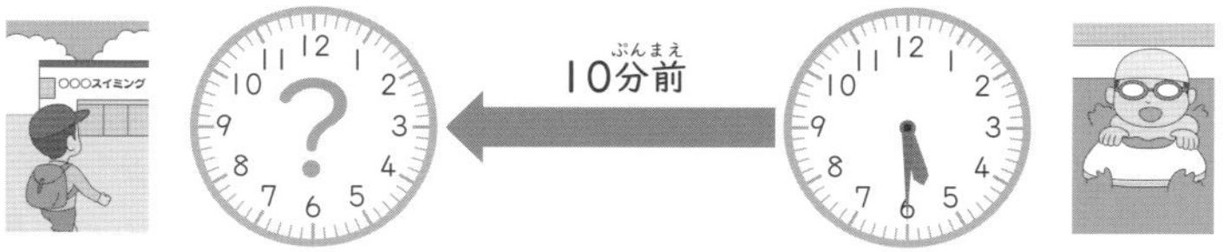

10分で 長《なが》い はりは 右回《まわ》りに 10めもり すすむから，
5時《じ》30分から 10分 もどると，長い はりは 左回りに
［10］めもり すすみます。
だから，5時30分の 10分前の 時こくは
［5 時 20 分］です。

2 つぎの 時こくは 何時《なんじ》何分ですか。

1つ10［20点］

①

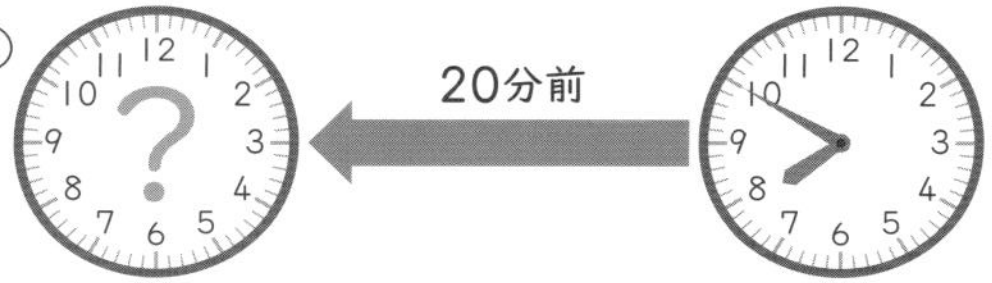

（ 7時30分 ）

②

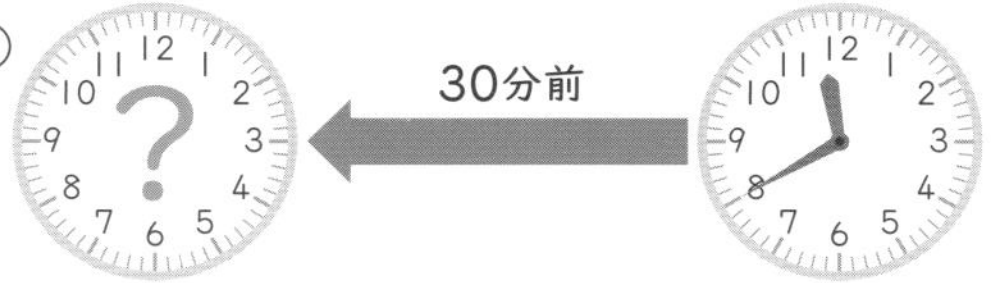

（ 11時10分 ）

13 何分か 前の 時こく

3 つぎの 時《じ》こくを 答《こた》えましょう。

1つ10［60点《てん》］

①  の 10分前《ぶんまえ》

（ 8時40分 ）

②  の 20分前

（ 2時10分 ）

③  の 30分前

（ 1時 ）

④  の 15分《ふん》前

（ 10時5分 ）

⑤  の 20分前

（ 9時35分 ）

⑥  の 5分前

（ 4時 ）

★●分前も●時間前と同じように，時間や時計の針を戻すようにして考えるため，少し難しい問題です。じっくり取り組みましょう。

答え 68ページ

月　日

点

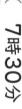

14 時こく

時刻（10～13のまとめ）

名前

1 今《いま》の 時《じ》こくは 10時30分《ぷん》です。つぎの 時こくを 答《こた》えましょう。 1つ5［20点］

① 1時間《じかん》後《あと》 （ 11時30分 ）

② 3時間前《まえ》 （ 7時30分 ）

③ 15分《ふん》後 （ 10時45分 ）

④ 20分前 （ 10時10分 ）

2 今の 時こくは 8時20分です。つぎの 時こくを 答えましょう。 1つ5［20点］

① 2時間後 （ 10時20分 ）

② 1時間前 （ 7時20分 ）

③ 20分後 （ 8時40分 ）

④ 10分前 （ 8時10分 ）

14 時こく

3 つぎの 時《じ》こくを 答《こた》えましょう。 1つ10［60点］

①  の 1時間《じかん》後《あと》

（ 5時45分 ）

②  の 2時間前《まえ》

（ 9時5分 ）

③  の 10分《ぷん》後

（ 9時40分 ）

④  の 25分《ふん》後

（ 1時35分 ）

⑤  の 30分前

⑥  の 15分前

★時刻を求める問題の復習です。わからなかったところは，もう一度前の問題に戻ってみましょう。

（ 3時20分 ）

（ 6時 ）

答え 69ページ

月 日

点

チョコっと ひとやすみ

時こくと
時間の クイズ

絵《え》を 見て もんだいに 答《こた》えましょう。

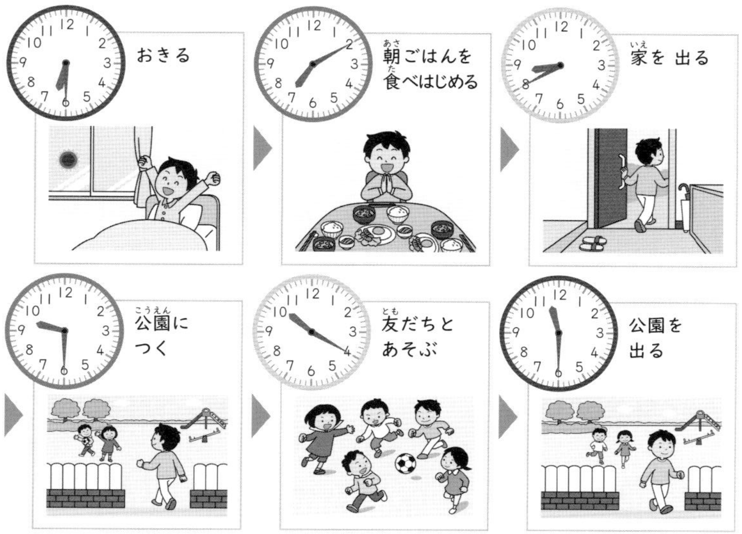

おきる
朝《あさ》ごはんを
食《た》べはじめる
家《いえ》を 出る
公園《こうえん》に
つく
友《とも》だちと
あそぶ
公園を
出る

① 公園に いた 時間《じかん》は 何時間《なんじかん》ですか。

（ 2時間 ）

② 朝ごはんを 食べはじめてから 20分後《ぶんあと》の 時こくを 答えましょう。

（ 7時30分 ）

③ おきてから 4時間後には，家と 公園の どちらに いましたか。

（ 公園 ）

絵《え》を 見て もんだいに 答《こた》えましょう。

バスを
おりる
家《いえ》に つく
ばんごはんを
食《た》べはじめる
はみがきを
する
本を 読《よ》む
ねる

① バスを おりてから 家に つくまでの 時間《じかん》は 何分《なんぷん》ですか。

（ 16分 ）

② ねる 15分前《ふんまえ》の 時こくを 答えましょう。

（ 8時45分 ）

③ ばんごはんを 食べはじめてから 2時間後《あと》には，おきて いましたか ねて いましたか。合《あ》っている 方《ほう》に ○を つけましょう。

（ おきて いた ・ ねて いた ）

自分《じぶん》でも もんだいを
作《つく》ってみよう。

15 午前と 午後

午前・正午・午後と，１日の時間

名前

1 下の 図《ず》を 見て，□に あう 数《かず》や ことばを 書《か》きましょう。

①②1つ5，③～⑥1つ10［60点《てん》］

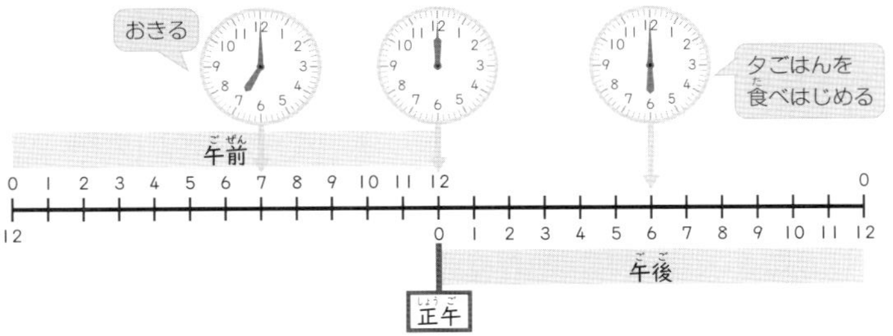

おきる
夕ごはんを 食《た》べはじめる
午前《ごぜん》
0 1 2 3 4 5 6 7 8 9 10 11 12
12
0 1 2 3 4 5 6 7 8 9 10 11 12
0
午後《ごご》
正午《しょうご》

① おきる 時《じ》こくは ［午前 7時］ です。

② 夕ごはんを 食べはじめる 時こくは ［午後 6時］ です。

③ 午前12時や 午後0時の ことを ［正午］ と いいます。

④ 午前は ［12］ 時間《じかん》，午後は ［12］ 時間です。

⑤ １日は ［24］ 時間です。

⑥ 時計《とけい》の みじかい はりは １日に ［2］ 回《かい》 回《まわ》ります。

15 午前と 午後

2 つぎの 時《じ》こくを 午前《ごぜん》，午後《ごご》を つかって 答《こた》えましょう。

1つ10［40点《てん》］

① 学校へ 行《い》く

○○○小学校

（ 午前 8時5分 ）

② じゅぎょうを うける

（ 午前10時40分 ）

③ 家《いえ》に 帰《かえ》る

（ 午後2時30分 ）

④ ねる

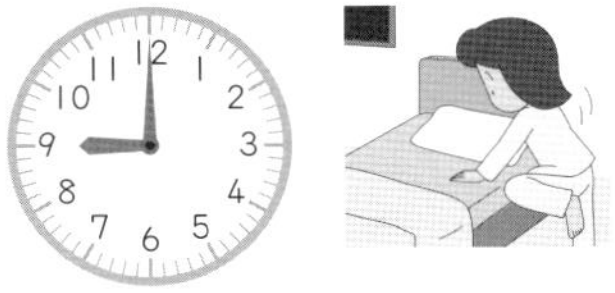

（ 午後9時 ）

午前・午後・正午《しょうご》と いう ことばが わかったかな？

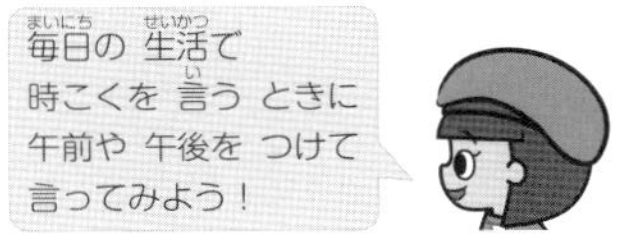

毎日《まいにち》の 生活《せいかつ》で 時こくを 言《い》う ときに 午前や 午後を つけて 言ってみよう！

答え 71ページ

月　日　　点

16 何分 ⑤

午前・午後のついた「何分」

名前

■1 つぎの 時間《じかん》は 何分《なんぷん》ですか。　1つ12［48点《てん》］

①
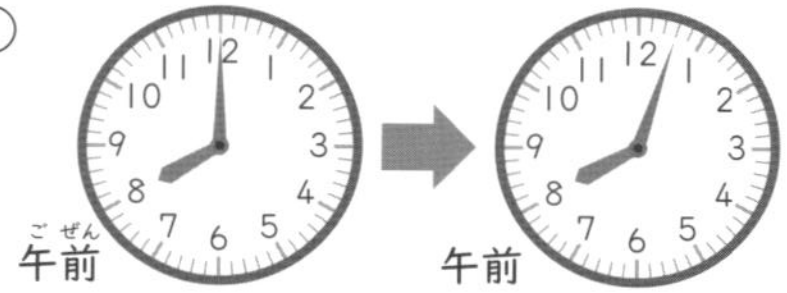
午前《ごぜん》
午前

午前や 午後《ごご》が
ついて いるね！

（　3分　）

②
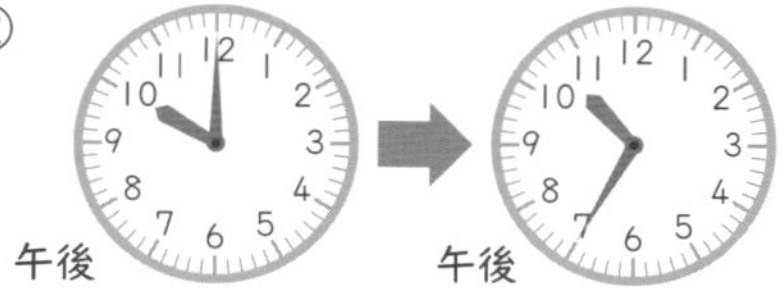
午後
午後

（　35分　）

★午前や午後のついた時刻で時間を考える問題です。午前から午後までの時間を求める問題は扱っていないので，これまでと同じように時間を求めます。

③
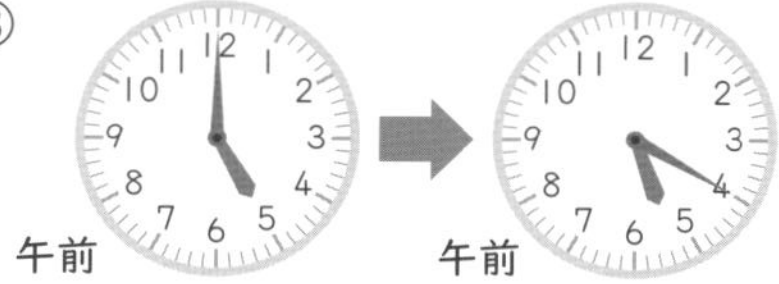
午前
午前

（　20分　）

④
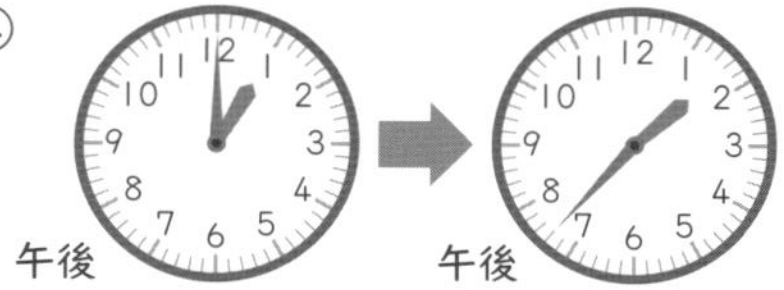
午後
午後

（　37分　）

16 何分 ⑤

■2 つぎの 時間《じかん》は 何分《なんぷん》ですか。　1つ13［52点《てん》］

①
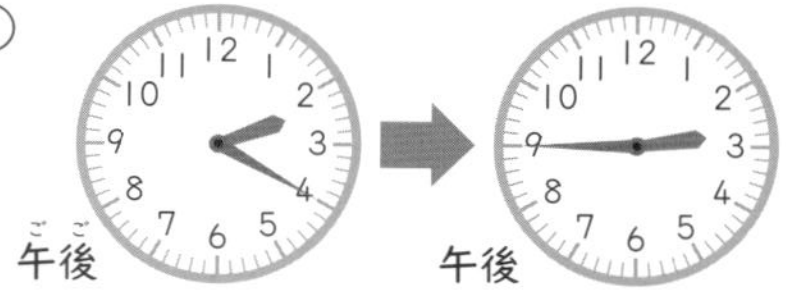
午後《ごご》
午後

（　25分　）

②
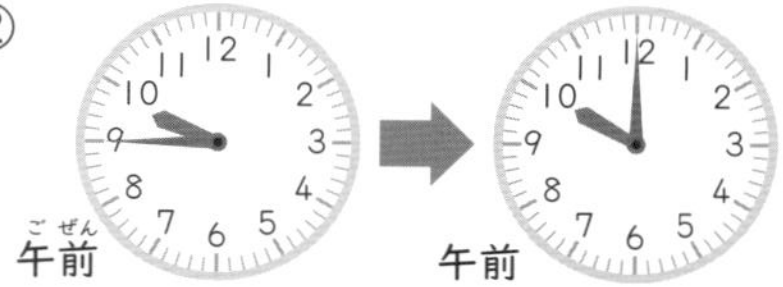
午前《ごぜん》
午前

（　15分　）

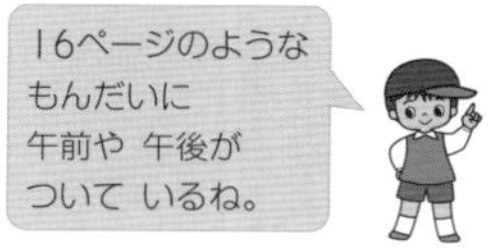
16ページのような
もんだいに
午前や 午後が
ついて いるね。

③
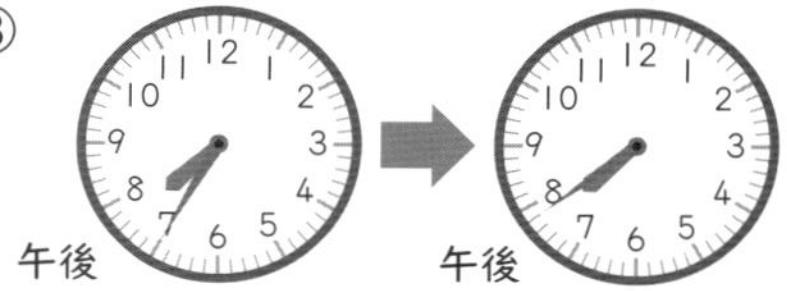
午後
午後

（　4分　）

④
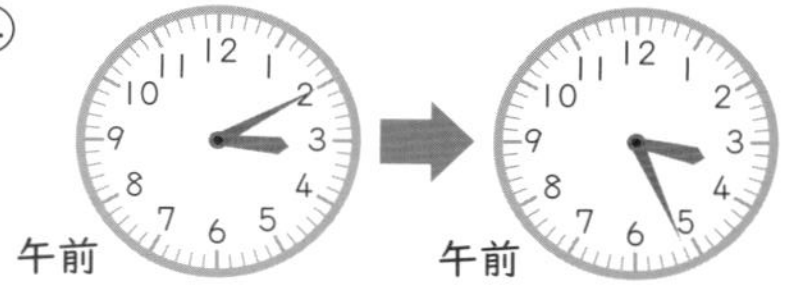
午前
午前

（　16分　）

答え 72ページ

月　日　　点

17 何時間 ②

午前・午後のついた「何時間」

名前

1 つぎの 時間《じかん》は 何時間《なんじかん》ですか。　1つ12［48点《てん》］

午前《ごぜん》や 午後《ごご》が
ついて いる,
何時間か 考《かんが》える
もんだいだよ！

① 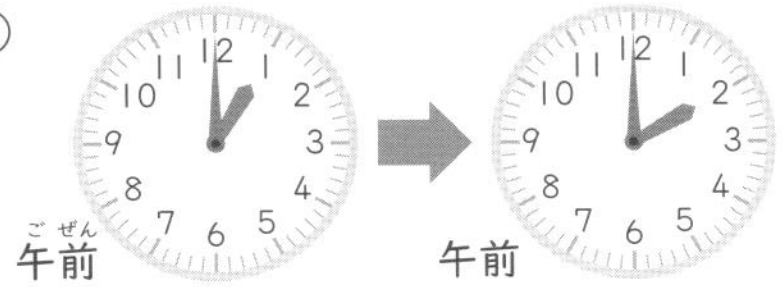

午前《ごぜん》
午前

（ 1時間 ）

② 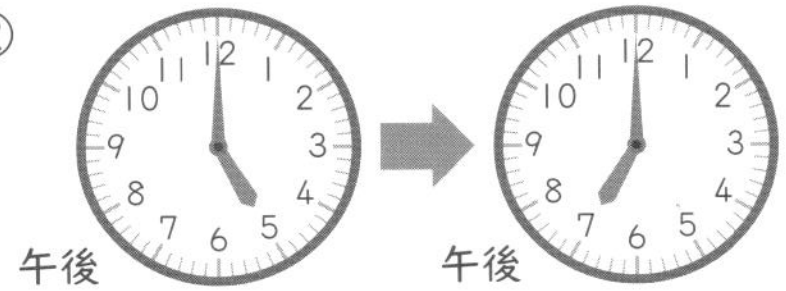

午後
午後

（ 2時間 ）

③ 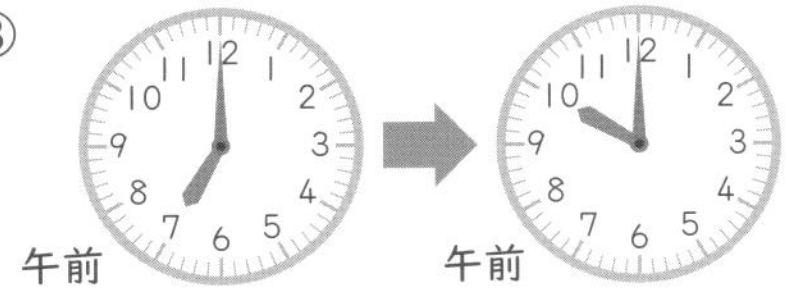

午前
午前

（ 3時間 ）

④ 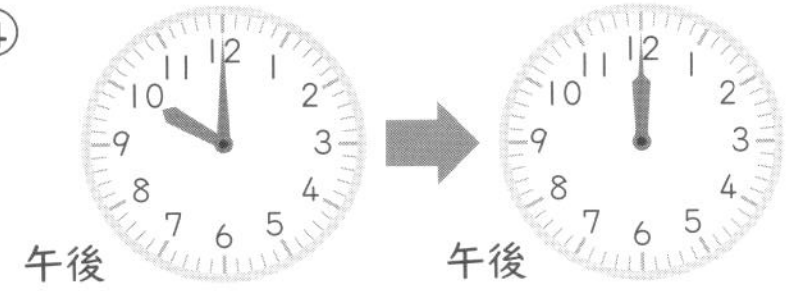

午後
午後

（ 2時間 ）

17 何時間 ②

2 つぎの 時間《じかん》は 何時間《なんじかん》ですか。　1つ13［52点《てん》］

① 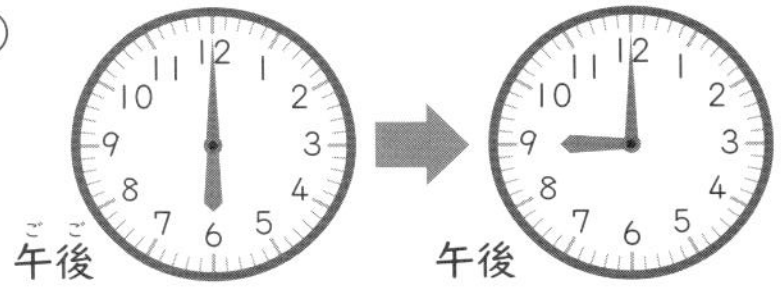

午後《ごご》
午後

（ 3時間 ）

② 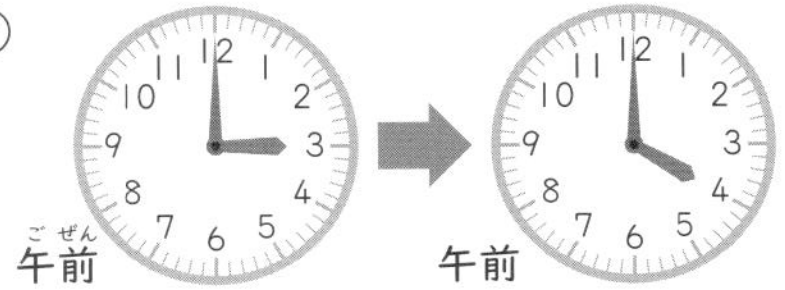

午前《ごぜん》
午前

（ 1時間 ）

③ 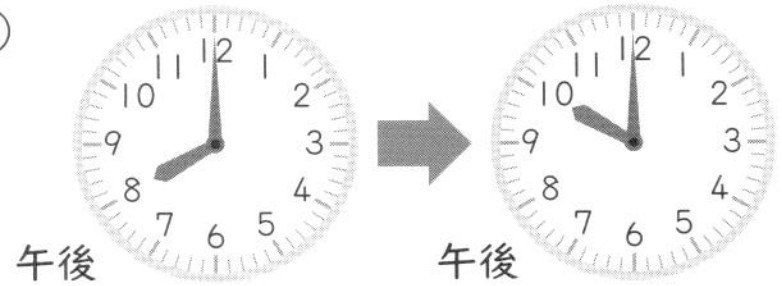

午後
午後

（ 2時間 ）

★④のような「12時まであと何時間」を求められるようになると，この後出てくる「午前●時から午後▲時までの時間」を考えやすくなります。

④ 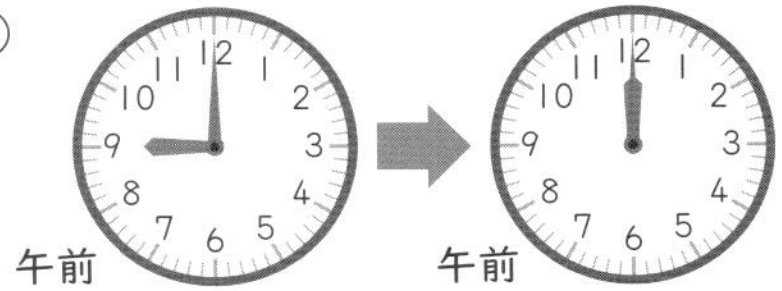

午前
午前

（ 3時間 ）

答え 73ページ

月　日　　点

18 何時間 ③

午前から午後までの「何時間」

名前

1 下の 図《ず》を 見て，□に あう ことばを 書《か》きましょう。

1つ12［60点《てん》］

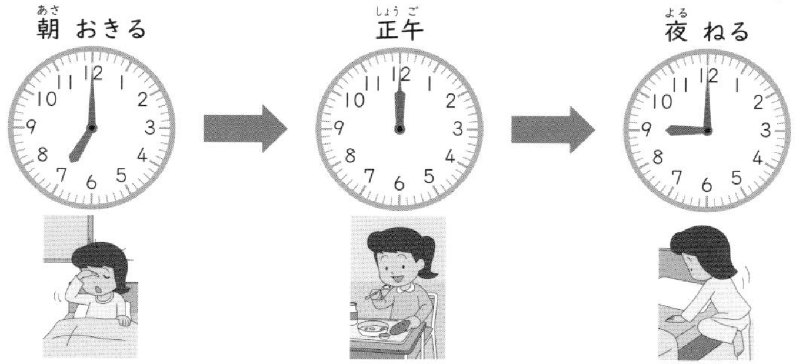

朝《あさ》 おきる
正午《しょうご》
夜《よる》 ねる

① 朝 おきた 時《じ》こくは **午前《ごぜん》 7時** です。

② 朝 おきてから 正午までの 時間《じかん》は **5時間** です。

③ 夜 ねた 時こくは **午後《ごご》 9時** です。

④ 正午から 夜 ねるまでの 時間は **9時間** です。

⑤ 朝 おきてから 夜 ねるまでの 時間は，

5時間と 9時間を あわせて， **14時間** です。

正午までと 正午からに 分《わ》けて 考《かんが》えるんだよ。

18 何時間 ③

2 つぎの 時間《じかん》は 何時間《なんじかん》ですか。

1つ10［40点《てん》］

①

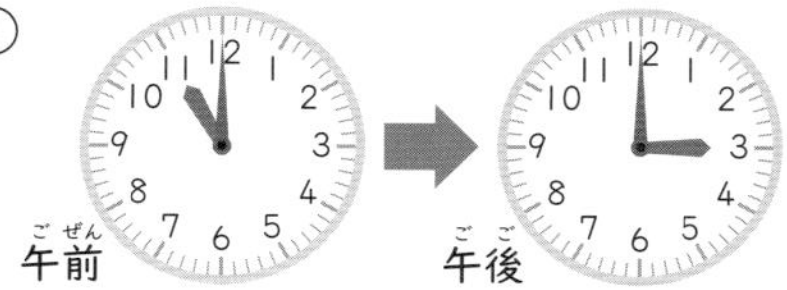

午前《ごぜん》
午後《ごご》

午前11時から 正午《しょうご》までが 1時間。
正午から 午後3時までが 3時間。

（ **4時間** ）

②

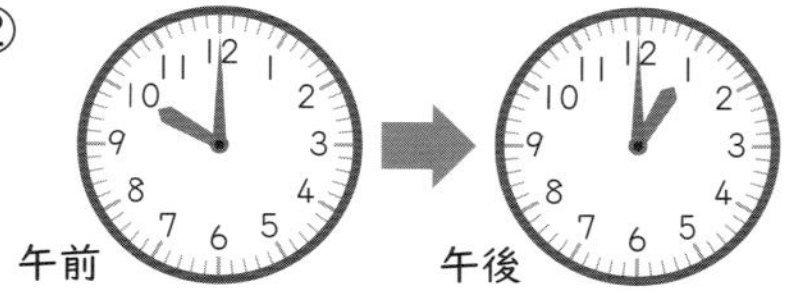

午前
午後

（ **3時間** ）

③

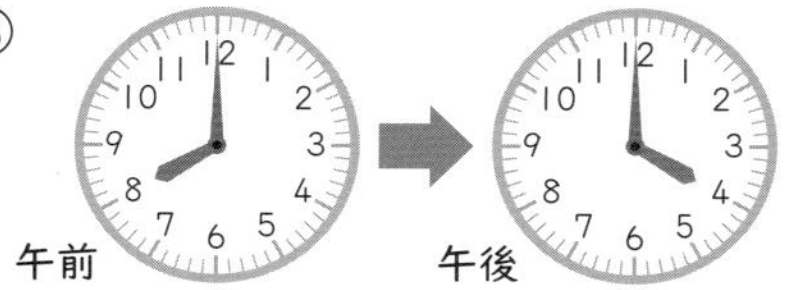

午前
午後

（ **8時間** ）

④

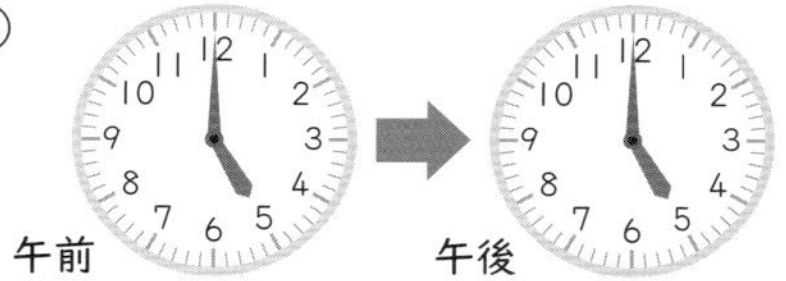

午前
午後

★登校してから下校するまでの時間など，自分の1日の生活のなかで，午前から午後までの時間を考えてみましょう。

（ **12時間** ）

答え 74ページ

月　日

点

19 何分か 前や 後の 時こく

午前・午後のついた，●分前・後の時刻

名前

1 つぎの 時《じ》こくを 答《こた》えましょう。 1つ6［36点《てん》］

①  午前《ごぜん》 の 20分後《ぶんあと》

（ 午前8時40分 ）

②  午前 の 10分前《まえ》

（ 午前9時30分 ）

③  午後《ごご》 の 30分前

（ 午後7時 ）

④  午後 の 5分《ふん》後

（ 午後10時5分 ）

⑤  午前 の 15分後

（ 午前11時25分 ）

⑥  午後 の 25分前

（ 午後5時30分 ）

★午前や午後のついた時刻を求めます。答えを書くときに，午前や午後をつけるのを忘れないよう注意しましょう。

19 何分か 前や 後の 時こく

2 つぎの 時《じ》こくを 答《こた》えましょう。 1つ8［64点《てん》］

① 午前《ごぜん》 

10分後《ぶんあと》の 時こく

（ 午前6時40分 ）

10分前《まえ》の 時こく

（ 午前6時20分 ）

② 午後《ごご》 

15分《ふん》後の 時こく

（ 午後1時55分 ）

20分前の 時こく

（ 午後1時20分 ）

③ 午前 

25分後の 時こく

（ 午前10時30分 ）

5分前の 時こく

（ 午前10時 ）

④ 午後 

10分後の 時こく

（ 午後4時 ）

30分前の 時こく

（ 午後3時20分 ）

答え 75ページ

月 日

点

20 何時間か 前や 後の 時こく ①

午前・午後のついた，●時間前・後の時刻

名前

1 つぎの 時《じ》こくを 答《こた》えましょう。　1つ10［60点《てん》］

①  午前《ごぜん》 の 1時間後《じかんあと》

（　午前10時　）

②  午前 の 2時間前《まえ》

（　午前3時　）

③  午後《ごご》 の 1時間前

（　午後2時　）

④  午後 の 3時間後

（　午後4時　）

⑤  午前 の 2時間後

（　午前10時　）

⑥  午後 の 3時間前

（　午後8時　）

★午前と午後の書き忘れや，前や後の読み間違いなどが起きやすい問題です。
注意して進めましょう。

20 何時間か 前や 後の 時こく ①

2 つぎの 時《じ》こくを 答《こた》えましょう。　1つ5［40点《てん》］

① 午前《ごぜん》 

1時間後《じかんあと》の 時こく（　午前7時　）

2時間前《まえ》の 時こく（　午前4時　）

② 午後《ごご》 

2時間後の 時こく（　午後6時　）

3時間前の 時こく（　午後1時　）

③ 午前 

3時間後の 時こく（　午前5時　）

1時間前の 時こく（　午前1時　）

④ 午後 

4時間後の 時こく（　午後11時　）

4時間前の 時こく（　午後3時　）

答え 76ページ

月　日　点

21 何時間か 前や 後の 時こく ②

正午をまたぐ，●時間前・後の時刻

名前

1 そらさんは，午前《ごぜん》11時《じ》に 家《いえ》を 出てから 4時間後《じかんあと》に 家に 帰《かえ》って きました。下の 図《ず》を 見て，□に あう ことばを 書《か》きましょう。

1つ10［40点《てん》］

① 家を 出た 時こくは **午前 11時** です。

② 家を 出てから 正午までの 時間は **1時間** です。

③ 4−1=3だから，正午から 家に 帰るまでの 時間は **3時間** です。

④ ③から，家に 帰った 時こくは，**午後《ごご》 3時** と いう ことが わかります。

21 何時間か 前や 後の 時こく ②

2 りんさんは，午後《ごご》4時《じ》に おやつを 食《た》べはじめました。その 9時間前《じかんまえ》に 朝《あさ》ごはんを 食べはじめた そうです。下の 図《ず》を 見て，□に あう ことばを 書《か》きましょう。

1つ15［60点《てん》］

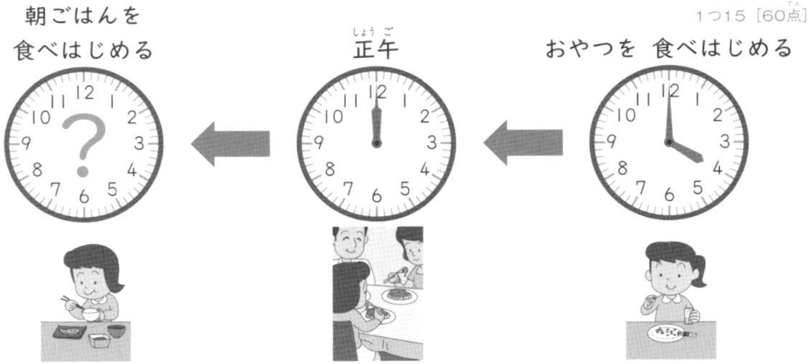

① おやつを 食べはじめた 時こくは **午後 4時** です。

② 正午から おやつを 食べはじめるまでの 時間は **4時間** です。

③ 9−4=5だから，朝ごはんを 食べはじめてから 正午までの 時間は **5時間** です。

④ ③から，朝ごはんを 食べはじめた 時こくは，**午前《ごぜん》 7時** と いう ことが わかります。

答え 77ページ　　月　　日　　点

22 2年生の まとめ

2年生の時刻と時間のまとめ

名前

■1 つぎの 時間《じかん》を 答《こた》えましょう。　1つ10［40点《てん》］

★2年生で学習する時刻と時間のまとめ問題です。
わからなかったところは前に戻って確認しましょう。

① 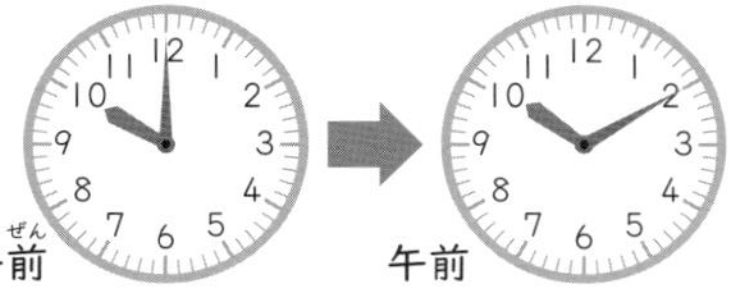

午前《ごぜん》 → 午前

（　10分　）

おぼえて いるかな？

② 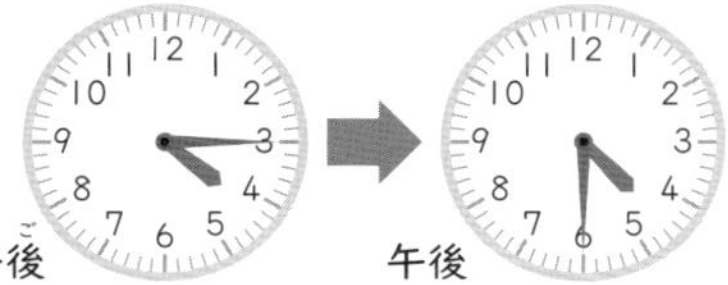

午後《ごご》 → 午後

（　15分　）

③ 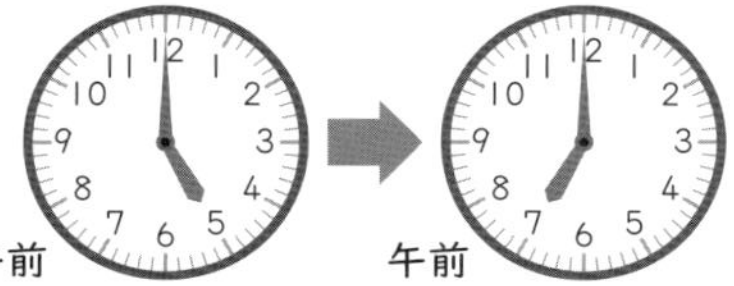

午前 → 午前

（　2時間　）

④ 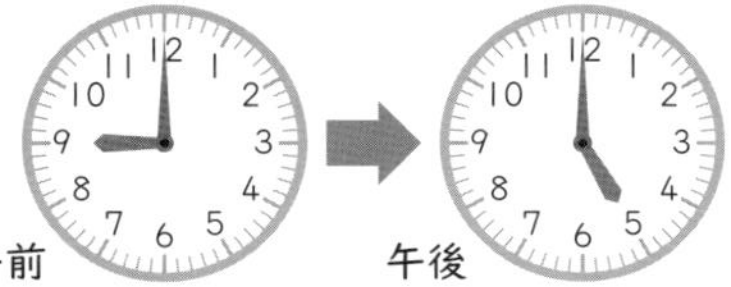

午前 → 午後

午前と 午後にも 気を つけて 時こくを 読《よ》もう。

（　8時間　）

22 2年生の まとめ

■2 □に あう 数《かず》や ことばを 書《か》きましょう。　1つ8［40点《てん》］

① 1時間《じかん》＝ 60 分《ぶん》

② 午前《ごぜん》は 12 時間，午後《ごご》は 12 時間です。

③ 午前12時の ことを， 正午 と いいます。

④ 1日＝ 24 時間

■3 つぎの 時こくを 答《こた》えましょう。　1つ5［20点］

① 午前

20分後《あと》の 時こく
（　午前11時20分　）

2時間後の 時こく
（　午後1時　）

② 午後

15分前《ふんまえ》の 時こく
（　午後8時5分　）

1時間前の 時こく
（　午後7時20分　）

時こくと 時間の もんだいは これで さい後《ご》だよ。
よく がんばったね！

答え 78ページ　　月　日　　点

チョコっとひとやすみ

★こうさく★
おり紙はしぶくろを
作ってみよう！

おり紙はしぶくろ

12ページに ある 作《つく》り方《かた》を 見ながら，おり紙《がみ》はしぶくろを 作ってみよう！

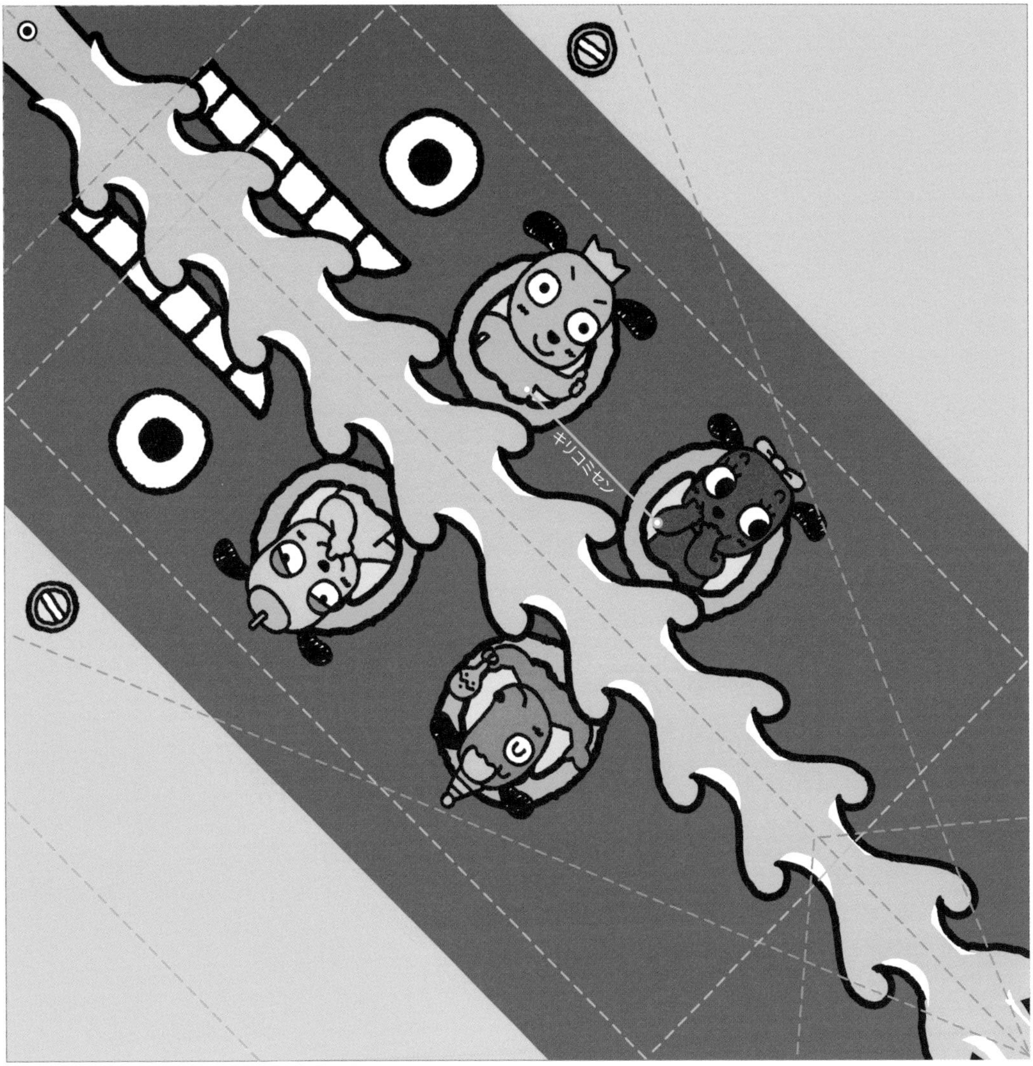

はさみや カッターを つかう 時《とき》は，けがに 気を つけよう！